古琵琶湖の
足跡化石を探る

岡村喜明

もくじ

プロローグ
私をとりこにしたくぼみ …… 4

第1章 ふる里の山河は古琵琶湖のど真ん中
01 貝化石が眠るズニンの丘 …… 6
02 「草津地学同好会」と「石心館」 …… 8
03 そして「琵琶湖博物館」が開館した …… 9

第2章 私をドキドキさせたくぼみ
04 足跡化石研究の幕開け …… 12
05 はたしてくぼみの正体は? …… 16
06 でこぼこした黒い河原 …… 20
07 川底のトリ類の足跡化石 …… 22
08 タライのような大きなくぼみ …… 24
09 中洲に残されたワニ類の足跡 …… 28
10 日野町教育委員会と佐久良川へ …… 30
11 住民参加の東近江市綺田の調査 …… 32
12 ダムの水門を閉じて …… 34
13 地元の人が見つけた大きな穴 …… 36
14 川岸にできた段々畑 …… 38
15 湖西から初めての足跡化石 …… 40
16 竜の谷からトリが飛び立つ …… 42
17 湖西でサイ類の足跡化石、第一号 …… 44
18 高島でもサイ類の足跡が …… 48

第3章 足跡化石を調べる
19 足跡化石とは …… 50
20 足跡が化石として残るには …… 53
21 足跡を残した古琵琶湖畔の動物たち
①ゾウ類の足跡化石 …… 55
②サイ類の足跡化石 …… 59
③シカ類の足跡化石 …… 62
④ワニ類の足跡化石 …… 64
⑤トリ類の足跡化石 …… 68

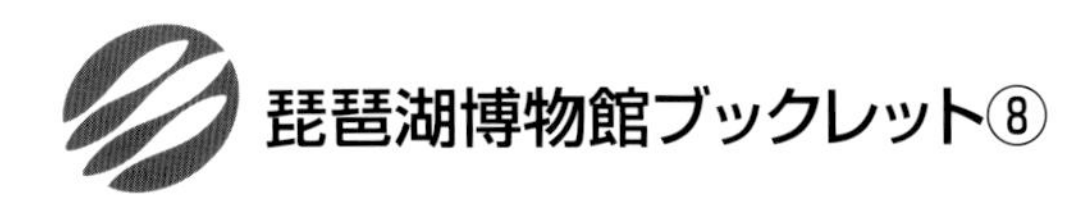

古琵琶湖の足跡化石を探る

岡村喜明

SUNRISE

第4章 動物の足跡と生態を探る

22 動物園で足跡を見る …… 72
23 タイの遊園地のゾウの足跡 …… 76
24 ハナ子の足 …… 80
25 ワニ園での型取り …… 82
26 動物園から野外へ …… 84
27 ボルネオ島にサイの足跡を求めて …… 86
28 より野生の足跡を探しにネパールへ …… 92
29 現生の足跡を化石に応用 …… 98
30 琵琶湖博物館とともに歩む …… 100

エピローグ …… 102
謝辞 …… 104
足跡と足跡化石関係の文献 …… 106

サイの大きな足跡化石で、前後が少しずれてついている（三重県伊賀市服部川河床にて）

プロローグ

私をとりこにしたくぼみ

私がそのくぼみを初めて目にしたのは、１９８８年９月のことだった。滋賀県甲賀郡甲西町吉永（現、湖南市吉永）を流れる野洲川の広い河原にそれはあった。そのくぼみは、大昔の動物が歩いたり戯れたりしたときに、当時の地面についた足跡のくぼみである。この吉永のくぼみとの出会いから今年で早30年になろうかとしている。

私は琵琶湖博物館や同好の人たちとともに全国の２０００万年前から５万年前までの足跡化石の産地を観察したり、調査したりしてきた。それらは、風光明媚な海岸にあったり、紅葉が目に映える谷川にあったり、あるいは１日では到底観察できそうもない広大な造成地にあったりした。しかし、それらのくぼみは、日々浸食が進んでしまったり、住宅や道路になってしまうものも少なくない。

これに比べると、これからお話する太古の琵琶湖やその周辺に堆積した古琵琶湖層群という地層に見られる

日本地質学会選定「滋賀県の石」に選ばれた足跡化石

（湖南市吉永の野洲川河床、1988年撮影）

足跡化石は、たえず新しいくぼみが現れ、「いつでもおいで」と私を誘ってくれる。今ではそれらの足跡化石産地は70か所にもなる。長年にわたってずっと太古のくぼみが見られるこんなすばらしいところはほかにはないと自慢できる。

この本は、足跡化石の専門書ではない。30年にわたる私と「足跡のくぼみ」との楽しい歳月を振り返りながら綴(つづ)った本である。化石となった足跡の謎を探るために、現代の動物たちがつけた足跡もずいぶん調べた。それは国内にとどまらず、東南アジアや南アジアにまで足を運んで調べることになった。

そのような話にも触れながら、これからしばらく足跡化石の話をしていきたい。この本を読まれた読者の方が、道端についた動物の足跡や工事現場の崖(がけ)にみられる化石の足跡に目が留まることになったなら、それは望外の喜びである。

この本の主な舞台である
古琵琶湖層群の地層が分布している地域
（川辺、1990　アーバンクボタ29から改描）

第1章 ふる里の山河は古琵琶湖のど真ん中

01 貝化石が眠るズニンの丘

私は1938年に甲賀流忍者の里で生まれた。今は甲賀市甲賀町になっているが、その頃は甲賀郡油日村といい、静かな田園と丘陵が広がる田舎であった。時折、村の真ん中をD51が黒煙を吐いて走るので時計がなくても時刻がわかる。油日村の隣には大原村や佐山村があり、南部にそびえる那須ケ原山頂から眺めると、眼下に広がる水田は、シダの葉っぱのような形をした丘陵地帯の小さな谷間を作っていた。そして、その水田は底なし沼のように深かった。田植えを手伝う子供には深すぎて、股までヒルがはい上り血を吸われたものだ。

この底なし沼のような田んぼの泥は、太古の琵琶湖やその周辺に堆積した古琵琶湖層群という地層の粘土からできていた。とくにこの地域に広がる地層は、古琵琶湖層群の中でも阿山層や甲賀層と名づけられていて、粘土からできている。

地元では、この粘土をズニンと呼んでいる。ズニンの中には大きなドブガイの化石が入っていて、まれに木の葉や淡水魚の歯の化石も見つかった。貝や木の葉の化石は子供の私にもすぐにわかったが、魚の咽頭歯は学校の理科の先生に見せてもその正体はわからなかった。私は長い間、それがシイなどのどんぐりの仲間の実の化石だと思っていた。今なら阿山層と甲賀層は300万年前から270万年前の湖底に堆積した砂や泥からなる地層だとわかるのだ

ふる里の丘陵と水田からなる風景

が、当時は、この地層の年代についても理科の先生は、「100万年くらい前だろう」としか答えてくれなかった。

ここに示したドブガイは、甲賀市甲賀町隠岐の丘陵で採集したものだが、魚の咽頭歯は当時つけたラベルを見ると甲南町上馬杉で1952年3月に見つけたものであるようだ。

ズニンの中にはドブガイがたくさん眠っている
※スケールの長さは10㎝

咽頭歯…コイ科魚類の喉にある歯。口に歯がないので、この部分で貝やエビ類の殻を割る。

コイのノドのところにある
1㎝にも満たない歯

02 「草津地学同好会」と「石心館」

小学生や中学生の時代には、古琵琶湖層群の中でも阿山層や甲賀層という地層が見られる地域のど真ん中で遊びまわっていた。当時は、化石や石ころだけなく、植物、魚、小鳥の骨や切手などさまざまなものを集めていた。しかし、中学を卒業して京都の高校で学ぶようになった時、その学校の地学の恩師が京都大学の地質学鉱物学教室から教えに来られていたこともあり、地質学鉱物学教室に出入りするようになった。教室の廊下には、埃(ほこり)まみれの箱が積まれており、その中には化石がつまっていた。私は、その化石を時の経つのも忘れて眺め、「こんな化石を見つけたいなあ」と思っていた。

高校を卒業すると、東京の医科大学に進んだ。さすがにこの時代には化石から離れて医学に没頭した…ということはなく、千葉県の成田層という貝化石の有名な産地などに行っては、貝の化石やウニの化石を掘っていた。

時は流れ、1971年、ふる里の甲賀に近い草津市で皮膚科・泌尿器科の診療所を開業した。そこでは、草津市内や近隣の学校の理科の先生やその生徒たちとの出会いもあり、「草津地学同好会」を立ち上げ、仕事の合間に化石や鉱物を探したり、私設博物館「石心館(せきしんかん)」も建てた。

会員が見つけたカズサジカの角や骨の化石も、みんなでまわりの粘土とともに大きな塊で掘り出して診療所に持ち帰り、土の中の角や骨がどのようになっているのかレントゲン写真を撮ったりした。レントゲン写真を撮ることで、角や骨の形や位置がよくわかり、クリーニング

作業をする時にたいへん役立った。開業していてよかったと思った瞬間である。

三重県との県境にある鈴鹿峠に近い所に甲賀市土山町（つちやま）がある。ここは約１７００万年前には海だったところで、ここの化石もずいぶんたくさん集めた。50㎝もあるイルカの下あごの化石もそのひとつだが、化石の入っている岩の重さは50kgもあり、近くの農家で一輪車を借りて道まで運んだ。この下あごの化石は、今は琵琶湖博物館に保管されている。

03 そして「琵琶湖博物館」が開館した

人の目の数が増えるということは、すばらしいことである。同好会の会員たちは次々とすごい化石を見つけては石心館に持ってきてくれた。その中には、甲賀町のゴルフ場の建設工事の時に見つかった魚の骨があった。大きなナマズの頭の骨も、ワニの歯の化石も見つかった。このワニの歯は、甲南町で宅地を造成していた現場の人が見つけて、地元で化石に詳しい松岡長一郎（ちょういちろう）さんに託してくれたものである。一人で化石や鉱物を集めるには限界があり、多くの目とネットワークに優るものはない。そして、忘れてはならないのが、調査や研究方法などを教えてくれる大学や博物館の専門家とのつながりである。

１９９６年10月、６年間の準備室時代を経て、ついに滋賀県立琵琶湖博物館が草津市に開館した。県内で地学を研究したり趣味としたりする人たちにとって長年の夢がやっとかなった年であった。

甲賀市隠岐(おき)のズニンの崖での化石採集
（1984年４月）

大津市ローズタウン造成地での
カズサジカの角の化石発掘
（1980年10月）

江戸時代の石の愛好家木内石亭も
訪れた土山町の有名な貝の化石産地

イルカの下あご化石が入っている
大きな石のかたまり（ノジュール）

石のかたまりから取り出した
イルカの下あごの化石

第2章 私をドキドキさせたくぼみ

04 足跡化石研究の幕開け

1988年9月15日、甲南町在住で高校の教員だった田村幹夫(みきお)さんによって甲西町吉永(現、湖南市吉永)の野洲川でたくさんの足跡化石が発見された。その発見の知らせは、田村さんの恩師である松岡長一郎さんを通じて、いつもご指導いただいている京都大学の亀井節夫(かめいただお)教授に連絡され、さっそく現地確認が行われた。その結果、「これはすごいものだ」とお墨付きが下されたことで、滋賀県教育委員会と甲西町教育委員会も加わって亀井教授を団長とする学術調査団が組織された。調査は、この年と翌年の8月の二度にわたって行われた。

足跡化石発見の知らせは、松岡さんから私にもあり、以来、わたしは本業である診療所が休診の日には吉永へ通った。今では、この足跡化石が発見された場所付近には、吉永から岩根に通じる新生橋という橋が架けられ、近くにショッピングセンターもできているが、当時は橋もなくコンクリート工場の横を通り、右岸の堤防から河原に入った。

足跡化石の発見は、県内では初めてのことであったが、国内では1894年に長崎県北松浦郡佐々(さざ)町から奇蹄(きてい)類の *Palaeothrium magunum*(バクに近い哺乳類)とされるものが発見されたほか、1923年に岩手県花巻市小舟渡(こぶなと)の北上川から宮沢賢治の生徒が発見したシカらしい足跡化石、1934年に兵庫県の明石の海岸の数か所からシカ類の足跡化石、1965年に新潟県の越路町（現、長岡市）からゾウ類やシカ類の足跡化石、また同年に山形県新庄市の最上炭田からツル類の足跡化石、1986年に佐賀県武雄市北永野地区の採石場からワニ類かもしれない足跡化石などが報告されていた。

このように国内の新生代と呼ばれる地層から発見された足跡化石は決して珍しいものではなかったが、それまで県内から発見される貝や植物の化石ばかりを見てきた私にとっては、吉永の河原に突然出現した足跡化石の広がりは、私の心をときめかす、それまで経験したことのない光景であった。これ以来、私はどっぷりと「くぼみ」にはまっていったのである。

吉永の足跡化石産地は広大であった。上流部にあるサイト1と名付けられた場所は、灰白色の泥質な地層からなり、そこには大きな円形のくぼみやササノハ形がふたつ並んだV字形の小型のくぼみが多く見られた。調査団のメンバーで発掘と記録の担当を決めることになった時、私はサイト1の少し下流で溝状に一段低くなった有機質の泥層が広がる区域の担当をしたいと申し出た。そこにはV字形のくぼみは少なく、U字形やH字形のくぼみが一面に見られたが、この形が動物の足の形そのものなのか、それとも足跡がついた後に変形や浸食を受けたことでこのような形になったのか疑問に思ったからである。担当に決まってからは、後からお話しするようにニホンジカの足先を猟師さんにもらって、それを粘土の上に押し付ける実験を繰り返したり、山間部の水田でニホンジカやイノシシの足跡の観察に明け暮れることになった。

1988年秋の産地の全景
写真の右上が下流
(野洲川足跡化石調査団資料)

調査地(サイト1)**を上空から見たところ**
(野洲川足跡化石調査団資料)

調査地(サイト2)の黒い溝に足跡が
密集しているところ

浜田隆士さん(左、当時東大教授)に
説明される亀井節夫調査団長

05 はたしてくぼみの正体は？

サイト1と2にはゾウ類の足跡化石と思われる大きな円形や楕円形のくぼみが多く見られた。そのゾウ類の足跡化石のことは後ほどお話しすることとして、ここでは発見直後から私を悩まし続けたくぼみについて、その迷走ぶりを紹介する。

まず、2個のササノハ形のくぼみがV字形にならんでいるものであるが、これは今生きているニホンジカやニホンカモシカの足跡に似ている。このタイプのほかにサイト2の有機質を多く含む黒色の地層にはU字形やハート形、あるいはこれらの後方に小さなくぼみが2個ついて台形になっているものやH字形をしたもの、それらの中間形などが多く見られた。

これらはすべてニホンジカやカモシカなどが含まれる偶蹄(ぐうてい)類の足跡と考えて間違いないようだが、すべて同じ種類のものなのかわからなかった。もし同じ種類なら、なぜこのようにさまざまな形になっているのだろうか。私にはこの時点で、その答えを見いだせなかった。

こうした時に、私は偶然、吉永の足跡化石の現場で、和歌山県からわざわざこの足跡化石を見学に来られていた猟師さんと話す機会があった。その猟師さんは、サイト2のくぼみはニホンジカかイノシシに近いと言う。和歌山へもどったらシカとイノシシの足先をクール宅配便で送ってやろうと約束してくれた。数日後、ひんやりと冷たい1個の小包が届いた。私は早速包みを開けて中に入っていた蹄(ひづめ)を観察したり、それらの足模型を樹脂で作って実験を開始した。この作業は診療が終わった夜遅くまで続けた。

実験には、粘土で作った板と送ってもらったニホンジカの足先から作った樹脂製の模型を使った。最も基本的なものは、足型をじかに粘土板に押しつける場合だが、さらに粘土板の上にメタセコイアの落ち葉を敷き詰めた場合や腐葉土を混ぜた粘土の上にメタセコイアの落ち葉を敷き詰めた場合などさまざまに条件を変えて足跡がどのようにつくのかを観察した。腐葉土とメタセコイアの落ち葉を重ねた場合には、腐葉土に弾力があることで、蹄は深く粘土に入ることなく、ふたつの蹄は別れずにひとつづきのU字形となった。この実験でできた足跡は、あくまでも人為的に作ったものではあるが、そのくぼみの形態の多様さに目を見張るものがあった。

それまでは林道や水田でシカの足跡を見てもあまり気にもかけなかったのだが、この実験を行うことで足跡の形のおもしろさに気づき、稲刈りが終わった水田や渇水で底が見えたダム湖、ウシやヒツジなどがいる牧場へ行って足跡の観察を行った。水田やダム湖では、シカ、イノシシ、サル、トリ類、カメ類などの連続する足跡が見られたし、また、そうした場所では地面が乾いた時にできる割れ目（乾裂）や波の影響できる水底の模様（漣痕）と足跡の関係が見られて興味深かった。

現生動物の足跡は、写真撮影だけでは十分に記録できないこともあり、そのくぼみに石膏を流し込んで取った型で立体的に記録し、それをもとに前後の足跡の重なり方や滑っている様子などを観察することができた。足跡化石の研究にはこうした現生の足跡の立体資料がずいぶんと役にはたったが、それでも化石となった足跡から、足が地面につき、そして、そこから抜け出していく一連の動きまでも推定することは簡単なことではなかった。

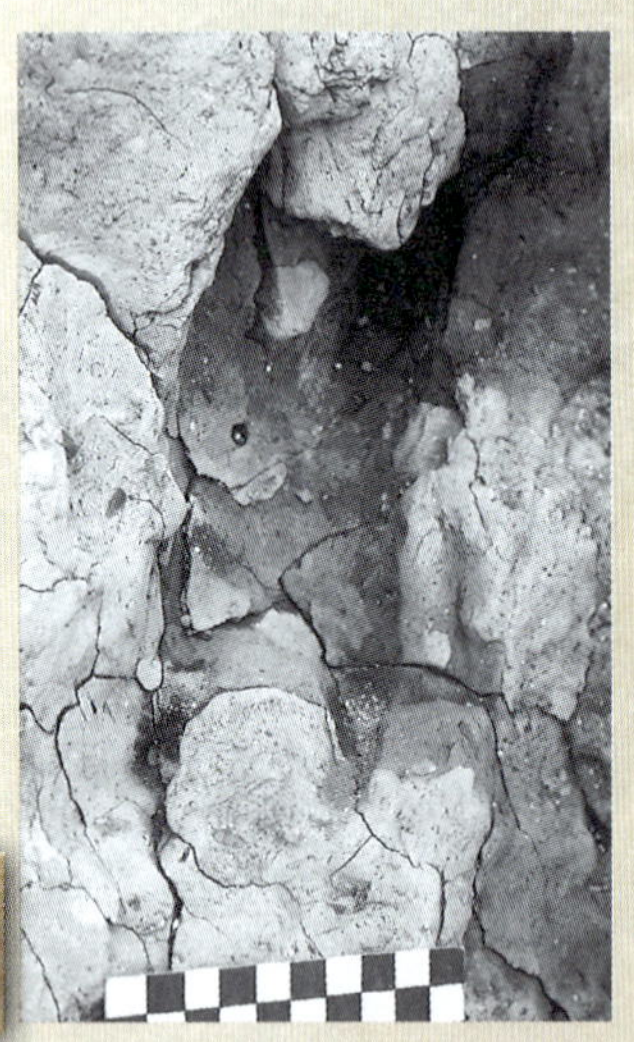

**吉永で見られた
くぼみの形のいろいろ**
V字形(左上)、U字形(右上)、前部はU字形だが後部に台形のくぼみをともなうもの(左下)、H字形(右下)

**前後が重なった
ニホンジカの足跡の
石膏型**

水田での現生の動物の足跡観察

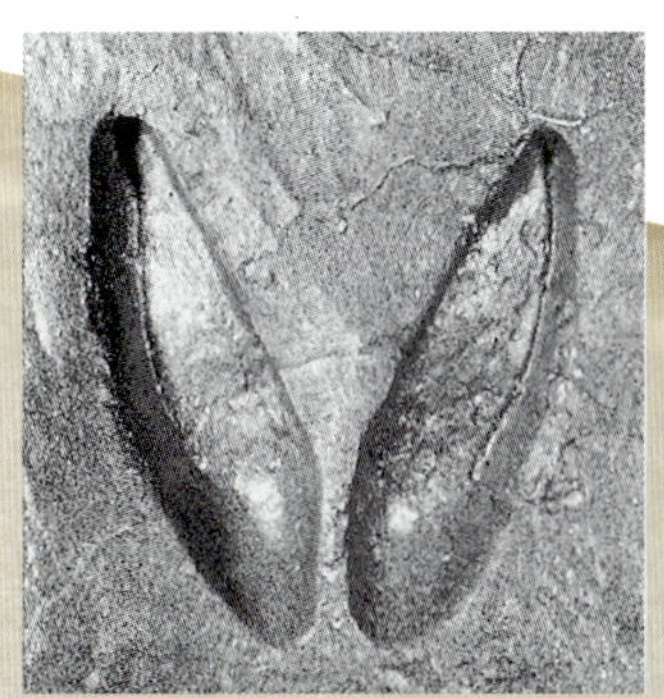

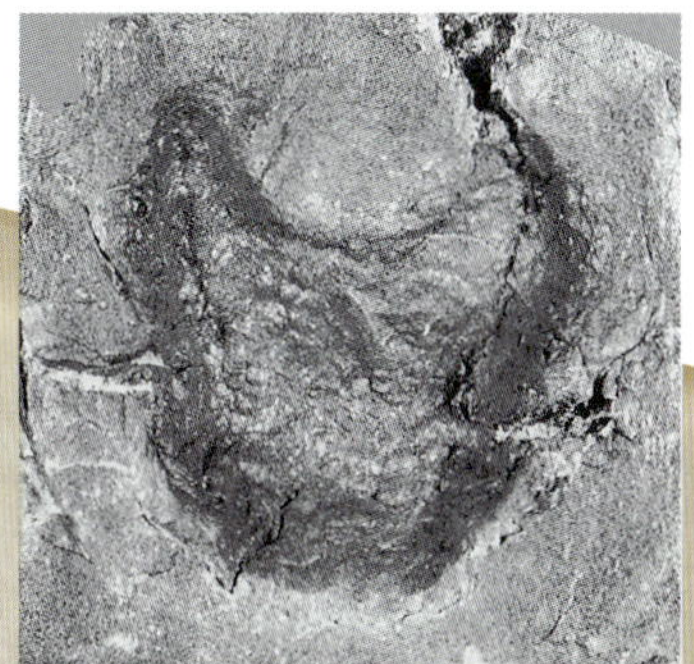

ニホンジカの足模型を使って行った実験の結果

板状の粘土に直接足の模型を押しつけた場合(左)。粘土と腐葉土を混ぜ合わせた上にメタセコイアの落ち葉を敷きつめた上から足の模型を押しつけた場合(右)。同じ足の模型を使ってもくぼみの形が異なる(野洲川足跡化石調査団、1995)

06 でこぼこした黒い河原

1990年10月、湖東の東近江市山上町の愛知川河床で大きな化石樹がでているのを、龍谷大学の増井憲一さんが発見した。それにともなってたくさんの円形のくぼみがあることもわかった。その年の4月に発足した琵琶湖博物館の準備組織（滋賀県文化振興課分室）が中心になり、化石樹や足跡化石がでていた場所の流れを300mにわたって変更し、足跡化石のくぼみが出ていた地層を干上がらせて調査を行った。調査は、大阪市立大学に事務局を置く古琵琶湖団体研究会や地域の地学関係者がいっしょになって行った。

干上がった川底には、足跡のくぼみが180mに渡って、上流から下流まで9か所で見られた。それらは、円形で前縁に小さな趾の跡をもつゾウ類のものとササノハ形のくぼみが2個横に並ぶものやU字形をしたシカ類のものらしい足跡と考えられた。その数は

愛知川の黒い河床に見られた無数の足跡のくぼみ
（1990年）

数えたものだけでも１４５０個もあったが、どれも露出してから現在の川の流れで浸食されており、不明瞭（ふめいりょう）なものが多かった。残念ながら足跡化石を含む地層が現れてから調査に取りかかるまでに時間がたち過ぎていたのである。

1990年には132本の化石樹が確認された

今でも渇水時には数本の化石樹と足跡化石が見られる（2015年）

07

川底のトリ類の足跡化石

三重県阿山郡大山田村真泥（現、伊賀市真泥）を流れる服部川は、古琵琶湖の最初の頃の化石が発見される場所である。この河原にはイガタニシの化石がよく見られるほか、シカ類やゾウ類の足跡化石なども見られる場所である。この河原で1991年9月にトリ類の足跡化石を発見した。

トリ類の足跡化石は、シカ類やゾウ類の足跡化石とともに川の流れの中にあった。水深は約20㎝。調査は、まず川の中に太い糸で1m四方に区切った枠を作り、足跡化石がどのように分布しているのか図面を作成することから始めた。川の水は9月ということもあり、足に心地よかった。冬であれば川の中での調査はつらい。冬でなくてよかったと思った。

図面は、縦5m、横3mの範囲で作成したが、

水底の足跡化石のくぼみを掃除して、グラフ用紙に分布状態を記録している様子

そこにはトリ類の足跡が少なくとも18個みられ、そのうち7個はひと続きの跡を作っていた。これを行跡（こうせき）と言う。

　足跡の大きさは前後、幅ともに約20㎝と大きく、後方に突き出ている1番目の指が長いという特徴を持っていた。図面作りの後には、水中でも固まるエポキシ樹脂を使って、くぼみに樹脂を入れる作業を行った。その型は、夜のうちに流されてしまわないかと心配したが、無事翌日にあげることができた。

　こうして得られた足跡化石のデータや樹脂型は、その後、現在生きているいろいろなトリ類の足の形と比較した結果、ツルの仲間に最も似ていたので、そのことをまとめて論文として報告した（岡村ほか１９９３）。この足跡化石は古琵琶湖層群からの最初のトリ類の足跡化石の発見であり、その時代は約３５０万年前である。

大型のトリ類の左足跡化石のレプリカ

足跡に水中でも固まる樹脂を入れた様子（白色の部分）

08 タライのような大きなくぼみ

服部川からはいろいろな足跡化石が発見されている。1993年9月に日本にやってきた台風13号は各地に被害をもたらしたが、大山田村平田（現、伊賀市平田）にある中島井堰（いせき）の下流の川岸も服部川の氾濫（はんらん）によって大きく削られ、地層が広く現れた。水が引いた後、そこに動物の足跡らしいものが多数出ていると、近くの人から大山田村教育委員会に連絡が入った。

教育委員会では、その地域の化石を調べている上野市（現、伊賀市）在住の奥山茂美さんに連絡をとり調査を行うことになった。そうした中、奥山さんから私に知らせが入り、観察させてもらうことになった。現地に行ってみると、川の右岸にはゾウ類のほかにワニ類の足跡化石が密集していた。この場所ではこれまで見たこともないようなようすであった。

その発見から1年が経った1994年8月、大阪市立大学の熊井久雄教授を中心とする学術調査が開始された。発掘は、まずトレンチと言う深い溝を2か所で掘り、地層の重なり方やくぼみの堆積状態を観察することから始められた。足跡のついている層は、主に2層あった。上位の第1面は大型のゾウ類の足跡が多く見られ、連続する行跡も2列みられた。その複歩長は250~320㎝であることもわかった。この長さは歩いたゾウの胴体の長さをおおよそ示すので、相当大きなゾウであることがわかる。

第2面では、ゾウ類の足跡のまわりに多くのワニ類の足跡がついているのが見られた。この

1993年の洪水の後に服部川に
現れた多数のくぼみ

ワニ類のくぼみには、鋭く尖った指の跡が4個から5個出ている。ゾウ類の足跡化石の直径は50cmもあり、まるでタライのようであったが、これよりも小型のくぼみも見られた。当時は、これらもゾウ類のものと考えられていたが、後になってそのくぼみを撮った写真を見直してみると、3個の指の跡が見られるものがあることに気付いた。そのことから、今では私は、ここに見られたもののうち小型の円形のくぼみで指の跡が長いものは、サイ類の足跡化石であると考えている。

調査は、足跡化石に透明のビニールシートをかぶせて上から油性インクで輪郭を写し取ったり、樹脂による型取り作業などが行われた。この樹脂による型取りを基にして、発掘現場近くのせせらぎ運動公園にはコンクリート製の産状模型が作られた。今でもときどき行われる現地での化石観察会の時には、当時のようすを説明するのに大いに役立っている。

1994年の発掘の様子（第1面）

第１面で見られた大きなゾウ類の足跡化石

今でも見られるワニ類の足跡化石

09

中洲に残されたワニ類の足跡

甲賀郡水口町宇田（現、甲賀市水口町宇田）を流れる野洲川にかかる柏貴橋上流の中洲から、1996年5月にワニ類の足跡化石が見つかった。足跡のくぼみには、細かな砂が硬くぎっしりと埋まっていた。これは掘るのに苦労するタイプだとわかったので、その場で砂を掘り出すのをやめて、一番きれいな足跡を20㎝四方ほどに慎重に切り出し、足跡ごと自宅に持ち帰った。近くには恐らくワニ類が移動した時についた尻尾の跡と思われるものもあった。それには、足跡が見られなかったので、もしかしたら泳いだ時についたものかもしれない。トリ類の足跡も2個並んで見られた。これは掘れないので剥ぎ取りをした。

持ち帰ったワニ類の足跡化石は、縫い針を使って注意深く中に詰まった砂をほじった。す

ワニ類の足跡化石が発見された河原での調査の様子

ると、5個の鋭く尖った爪の跡が現れた。その形から前足跡だとわかった。ワニ類の足跡化石が発見された付近は、以前からゾウ類やシカ類の足跡化石がたくさん見つかっていた所なので、水口町教育委員会、水口都市整備課、みなくち子どもの森、琵琶湖博物館が話し合い、1996年から97年にかけて調査を行い、足跡化石の産状を記録したり、手引書を発行することができた。

トリ類の足跡化石
（みなくち子どもの森蔵）

ワニ類の尻尾の跡と思われる曲線

ワニ類の足跡化石
（みなくち子どもの森蔵）

10

日野町教育委員会と佐久良川へ

1991年2月頃、県内の小学校の教員であった雨森清さんから「佐久良(さくら)川の常永橋付近の河床に足跡化石らしいくぼみがあるよ」と連絡が入ったので、さっそく現地に行ってみた。橋の上流から佐久良川へ降りて、さらに上流の篠原(しのはら)橋までの河床を調査してみると、大きな円形のものとシカ類と思われる偶蹄類(ぐうているい)の足跡化石がたくさん確認できた。これはきちんと調査し記録する必要があると考えて仲間を招集し、日野町教育委員会とも相談して合同で調査を始めた。

この時撮影した大きな円形のくぼみの写真を改めて見直してみると、そこには3個の太く長い趾(あしゆび)の跡が写っている。これは、いま見るとサイ類の足跡化石とわかるのだが、1991年当時はゾウ類の前後の足跡化石が重なってつくことで、変形してしまったものだとばかり思っていた。この石膏の型は、琵琶湖博物館の収蔵庫に保管されている。やはり写真だけでなく型取り標本は重要である。

佐久良川の右岸で調査の様子（1991年）

サイ類の蹄の先が
地面をこすった跡らしい
（2014年）

ゾウ類のものと思っていた円形の
くぼみ。サイ類の足跡化石だった
（1991年）

やや小型だが趾の跡がある円形の
くぼみとシカ類のくぼみ（1991年）

11

住民参加の東近江市綺田の調査

同じく佐久良（さくら）川での話である。東近江市には、地域の自然や文化を調べる蒲生野考現倶楽部（がもうのこうげんくらぶ）がある。1994年に、この会の人から琵琶湖博物館を通じて、佐久良川（東近江市綺田（かばた））で足跡化石を発見したという連絡があったので、現地に行くことになった。現地で、蒲生野考現倶楽部の人たちに案内されながら、竹藪（たけやぶ）をかき分けて川に降りてみると、川底に円形やV字形をしたくぼみが見られた。炭化して立っている化石樹も数は少ないが見られた。記録を残すための調査が必要であると判断した。蒲生野考現倶楽部の人たちも足跡化石調査には乗り気であった。

しかし、その肝心の足跡化石は、一部は表面に顔を出していたが、多くは水底と河原の砂利（じゃり）の下に埋まっていた。足跡化石のようすを知るために、足跡化石のついている地層面を露出させることには、相当な労力を必要とするのは誰の目にも明らかであった。それでも、皆さんの調査の意志は固かった。

発掘調査は地元の子どもたちも参加して行われた

翌1995年10月に、蒲生野考現倶楽部や蒲生町教育委員会によって、竹藪が切り開かれ、重機を入れて表面の砂利を取り除く作業が始まった。くぼみの中に入っている砂や泥は考現倶楽部を中心とした、子どもたちも含めた地域の住民が取り除いてくれたおかげで、たくさんの足跡化石を確認することができた。もちろん琵琶湖博物館も参加した。こうした住民参加の調査は、琵琶湖博物館のめざすところである。調査の終わりには、足跡化石を樹脂で型取りした。11月には、調査結果の報告を日野町のホールで行い、たくさんの住民の方にみんなでやった成果を発表することができた。

発掘終了後の報告会で講演する
琵琶湖博物館の高橋啓一さん

発掘の結果見えてきた
たくさんのゾウ類とシカ類の足跡化石

12

ダムの水門を閉じて

当時高校の教員をしていた但馬(たじま)達雄さんは、日野川ダム下流の日野町小井口(おいぐち)で、水深1mほどの川底から足跡化石を発見した。1989年のことである。その発見から3年が経った1992年11月に、3日間だけ上流のダムの水門を閉鎖してもらい日野町教育委員会や地域の地学関係者といっしょに足跡化石の調査をすることができた。ダムの水門を閉じてもらっているので上流からの川の流れはないはずだったが、予想以上に湧水(ゆうすい)が多く、ポンプでその水を汲(く)みあげやっと足跡がついている地層の全体を見ることができた。

足跡のついている面は、テニスコート1面分程度の広さだったが、そこに偶蹄類の足跡が944個、ゾウ類のものが73個確認できたほか、偶蹄類が歩いた行跡も2列確認できた。保存の

ふだん足跡化石は水の底に眠っている

よい足跡のくぼみを1個ずつ観察し、写真も撮影した。調査地域全体の写真も教育委員会にお願いしてラジコンヘリで撮影してもらった。最後に、樹脂でV字形やH字形、U字形をした偶蹄類の足跡化石を型取りした。

なお、ここでも、調査の時には気づかなかったのだが、ゾウ類の足跡化石だと思っていた楕円形のくぼみの中に、サイ類のものと思われる先端が尖らず太い3個の指の跡が飛び出て見られるものがあることに、最近になって写真を見返していて気がついた。

ゾウ類の足跡化石らしいくぼみ

当時はゾウ類の足跡化石と考えていたもの。今ではサイ類の足跡がふたつ重なったものと思っている

ダムの水門を閉鎖してもらい、見えてきた足跡化石がついた川底の地層面

13 地元の人が見つけた大きな穴

1994年12月、甲賀郡甲南町野尻（現、甲賀市甲南町野尻）を流れる浅野川で護岸工事が行われていた。その現場に円形の大きなくぼみがたくさんあることに地元の人が気づき、これは1988年に甲西町吉永で見た足跡化石と同じものに違いないと、地元で化石にくわしい松岡長一郎さんに連絡をした。松岡さんが現場に行ってみると、それは間違いなく足跡化石だった。発見された地層は約280万年前の古琵琶湖層群の中の阿山層と呼ばれている地層で、この時代の地層からはまだ足跡化石が発見されていなかったので、甲南町教育委員会も私たちの仲間もたいそう興奮した。

松岡さんに案内してもらい、現場に行ってみると、なるほど大きな円形の穴が工事のた

地元の人が見つけた大きな円形や楕円形のくぼみ群

めに干上がらせた川底にいくつも見られた。くぼみというよりは穴と表現した方がしっくりするような、何かで掘られたようなきれいな穴だった。詳しく穴の様子を観察してみてわかったことだが、どうやらこの穴は、足跡化石ができてまもなくの時代に、そのくぼみに後から流れ込んだ砂がくぼみの中を削ったために、趾（あしゆび）の跡などが消えてしまったようだった（こうしたものを甕穴（おうけつ）と言う）。

その後、この現場の下流でも工事が行われた。そこでは明らかにゾウ類のものとわかる足跡化石が発見された。その大きさは、長さ、幅ともに直径約37cmで、ゾウ類のものとしてはあまり大きなものではなかった。また、後日談であるが調査時に撮った写真に、くぼみの底に3本の長い趾の跡があり、ここにもサイ類の足跡らしいものが写っていた。

当時の写真を見直した結果、楕円形のくぼみの底にサイの足跡と考えられる跡が見えた

現地説明会には寒空の下にもかかわらずたくさんの人たちが集まった

14 川岸にできた段々畑

1988年に多くの足跡化石が発見された湖南市吉永の野洲川の河床、そこから上流へ約500mの所から小型のワニ類の足跡化石かもしれないくぼみが、松岡長一郎さんによって発見された。1995年の5月のことである。6月1日、私は松岡さんにその場所を案内してもらった。しかし、そこには明らかににワニの足跡化石とわかるくぼみは見られなかったが、まずは予備調査をしようということになった。予備調査は1996年1月まで行われ、ワニ類の足跡化石らしきものが発見された周辺を広範囲に調べた。その後、本格的な調査を行うことになったが、当時、甲西町では町に博物館を作ろうという計画があり、その準備室長の冨田（とみた）克敏さんや学芸員の黒川明さんなども加わり、琵琶湖博物館といっしょに調査団が作られた。調査団には、高校生も参加し、総勢29人で調

調査地域の右岸に見られた高さ約2mの崖

査を行った。

調査を行ったワニ類の足跡化石と思われるものが発見された川岸には、高さ2m弱の地層の断面が見られた。その断面を発掘作業に用いる「草かき」という道具（本来は雑草を取るための農具）でていねいに削ると、波のような模様や大きな鍋形の地層のたわみが見られた。これらは、足跡がついた時にできるくぼみで、重みがかかった部分の地面の様子を示していた。こうした足跡化石がついている地層は、何層にも積み重なっていたので、上から順番に階段状に発掘した。平面で見られた足跡化石はU字形をしており、偶蹄類がつけたものであることがわかった。

地層の断面にみられた足跡化石がつくる波模様

段々畑のような発掘現場

上から見た足跡化石の発掘の様子

15 湖西から初めての足跡化石

土砂取り場や工事現場の崖でもしばしば足跡化石が見つかる。こうした場所では、作業や工事の間は、邪魔になったり危険であったりするので崖に近づけないことが多い。そうしているうちに、見えていた足跡化石は削られてしまったり、上に草やコンクリートの覆いがかけられてしまい、せっかくの足跡化石を観察できないで終わってしまう場合も多い。それでも運がいいと、許可をもらってヘルメットをかぶって現場に入らせてもらえるが、こうした場所では、かってに崖面を掘ったり、削ったりできないので、簡単な計測や写真撮影だけのことが多い。そのため、くぼみを作った動物の種類を決めるところまでは至らないこともしばしばある。

そんな中、1994年12月のこと、自宅のある湖西地域の地質や化石を勢力的に調査していた高校教員の服部昇さんから大津市雄琴（おごと）の工事現場や大津市伊香立（いかだち）

大津市伊香立南庄町の龍ケ谷での大規模な圃場工事
江戸時代に龍骨が発見された小高い丘も平坦になってしまった

南庄（みなみしょう）町の圃場（ほじょう）整備の現場から足跡化石とみられる楕円形の断面を見つけたとの知らせを受けた。琵琶湖博物館の準備室の高橋啓一さんを誘って現場に行ってみると、確かにゾウ類のものと思われる足跡化石が確認できた。ここでは、幸いなことに十分に時間をかけてくぼみを観察することができた。１９８８年に甲西町吉永で県内初めての足跡化石が発見されてから６年が経っていた。それまで足跡化石は湖南や湖東地域でばかりで発見されていたが、この足跡の発見によって、ようやく湖西でも足跡化石を確認することができた。

大津市雄琴の工事現場で見られた楕円形の輪郭

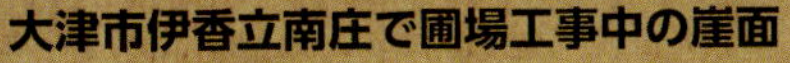

大津市伊香立南庄で圃場工事中の崖面

16 竜の谷からトリが飛び立つ

1996年6月にも大津市小野の工事現場で服部昇さんがトリ類の足跡化石を発見した。工事中は、重機やトラックが動き回っているので、作業が止まる昼休みの時間を利用して急いで調査をさせてもらった。工事現場には、大小さまざまなトリ類の足跡化石が見られたので、その中の砂を取り出し樹脂で型取りした。掘れないものは樹脂で表面を剥（は）ぎ取りした。なんとか工事の邪魔をせずに簡単な調査をすることはできたが、詳しい調査はできないまま工事が進み、そこは団地になってしまった。

その後も服部さんは発見を続け、1997年10月に大津市伊香立南庄町で再びトリ類の足跡化石を発見した。この場所は、江戸時代の末期にトウヨウゾウの化石が発見された谷で「竜ケ谷」と呼ばれている。このトウヨウゾウは当時、竜の骨と考えられ、発見場所には今でも祠（ほこら）が祀（まつ）られている。

私たちは、年の暮れも押し迫った12月28日にこの足跡化石を調査することにした。その場所は、私有地の丘の斜面になっていて、大きくは崩せないなので、地層面に沿って細長く斜面を削り、足跡のある面を見えるようにした。見えてきた足跡化石は、当時の地面に深くついた足跡で、細い趾（あしゆび）の中を埋めている砂を取り除くのに随分と苦労した。あまりにも深いために砂を取り除いても足跡の底まで写真では写らない。そこで樹脂を入れて型取りを行った。トリ類の足跡のほかにも、偶蹄類とゾウ類の可能性のあるくぼみも確認できた。

大津市小野の工事現場での調査風景
重機やトラックが休んでいる間に作業を行った

大津市小野から発見されたトリ類の足跡化石
表面は酸化鉄で覆われていた

大津市伊香立南庄町のトリ類の足跡化石

大津市伊香立南庄町で1999年に見つかったワニ類の足跡化石

17 湖西でサイ類の足跡化石、第1号

これまで書いてきたように、湖西の足跡化石の発見には服部昇さんの貢献が大きい。大津市伊香立の運動公園の造成地で発見された足跡化石もそうだ。このあたりの丘陵は古琵琶湖層群堅田層という地層からなっている。造成工事はその丘陵を広く切り開いて行われていた。服部さんは、この工事現場に露出していた地層を調べていたのだが、その最中に足跡化石を発見して私に連絡をしてくれた。２００４年12月のことであった。

服部さんの案内で工事現場に行ってみた。そこは工事用の囲いがされていたが、あらかじめ許可をいただいていたので、その囲いの端から入れてもらい足跡の出ている場所に連れて行ってもらった。そこは工事で削られ平らな面になっていたが、その平面に直径35㎝ほどの大きな円形の模様が10個ほど見られた。円形の模様の中には砂が詰まっていたので、その砂を掘って調べてみた。その大きさや輪郭から、それはゾウ類の足跡化石のように思えた。連続して歩いたような跡は、見ることのできる範囲が狭かったために確認できなかった。

２００６年2月になって、元山口大学教授で琵琶湖地域の地層を研究している石田志朗さんから、再びこの現場で大型の円形の模様がたくさん見えていると連絡が入った。さっそく現場に行ってみると、前よりも広く削られた面にたくさんの円形の模様が見えていた。そこで、工事事務所にお願いをして、2日間だけ許可をもらい観察させてもらった。この場所は駐車場になる予定で、縦60ｍ、横10ｍほどの広さがあった。工事は半ば終わっていて、重機やトラック

などを使っての作業をしていなかったので安全に調査をすることができた。

　足跡と思われる円形の模様は、灰色の泥の層についており、その中には粗い砂が詰まっていた。服部さんが務めていた高校の地学部の生徒たちもこの調査に参加してくれて、いっしょに手際よく調べることができた。いろんな形の模様がついた面をよく見てみると、大きな円形や楕円形の模様のほかに、小型のV字形やH字形をした偶蹄類のものと思われる模様もついていた。私たちは、そうした足跡化石と思われるすべての模様の中の砂を取り除いてみた。円形や楕円形のものの底には、3個の太い指の跡が観察された。砂を取り除くまでは、ゾウ類の足跡化石だとばかり思っていたのだが、これらの多くはサイ類の足跡化石だった。うれしい誤算である。6個の連続したサイ類の行跡も見られ、歩行した様子が確認できた。

　このサイの足跡化石は、湖西地域では初めての発見であっただけでなく、琵琶湖の周辺では、この足跡化石が発見された55万〜45万年前のサイ類の歯や体の化石は発見されていなかったので、大きな発見となった。

足跡化石が発見された工事現場
一面に足跡化石が見られる

地層班と化石班に分かれて２日間で手際よく調査をした

楕円形の中の砂を取り除いた様子

発掘前の楕円形の模様の様子

型の表面の凹凸がよくわかるモアレ写真で、サイ類のものと確認できた

その楕円形の足跡化石の石膏型

18

高島市でもサイ類の足跡が

大津市の北側に位置する高島市、そこを流れる安曇(あど)川からも２００４年11月に、服部さんら高島市周辺の地質を調査しているメンバーが足跡化石を発見した。服部さんから12月中旬に連絡を受けた私は、地質を調査しているメンバーの石田志朗さん、平尾藤雄さんらといっしょに調査を行い、大型で円形のゾウ類の足跡化石と思われるものとシカ類の足跡化石を確認した。年が明けてその後、何回か琵琶湖博物館のスタッフとともに周辺を調査し、多くの化石樹と足跡化石を確認することができたことから、高島市教育委員会や地元の人たちも参加しての調査を２００５年10月６日から10日にかけて実施した。

その後、この調査をした足跡は川の浸食

足跡化石が発見された高島市上古賀の両台橋下流の安曇川河床

でなくなってきたが、周辺の河床からは新たな足跡化石と化石樹が出てきている。こうした足跡化石の中には、３本の趾（あしゆび）の跡が残ったサイ類のものと思われるものや大型の偶蹄類やワニ類の足跡化石も見られた。

河床に見られた大型で円形の足跡化石の密集（2004年12月）

地元の人たちと足跡化石の調査の様子（2005年10月）

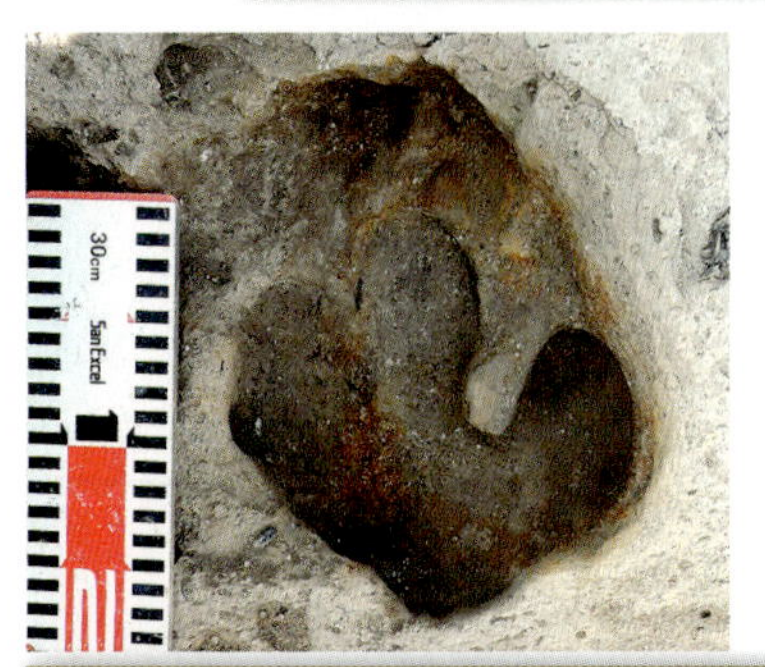

上流部の長尾で見られたサイ類の足跡化石（2017年）

第3章 足跡化石を調べる

19 足跡化石とは

前章では、古琵琶湖層群の足跡化石とその調査について簡単に紹介してきた。ここでは、そもそもこうした足跡化石がどのようにしてできたのか、それぞれの足跡をつけた動物をどのようにして見分けるかをお話ししよう。

一般的には、足跡は柔らかい地面を足や蹄（ひづめ）が踏み込むことで、そこがくぼんで足跡になる。もちろんこのようなものは典型的な足跡だと言えるが、実際の足跡化石を調べてみると、こうしたくぼみだけでなく、さまざまなものがあることに気づく。例えば、地面にできた足跡のくぼみの下側では、足跡がつけられた時の重さで層が下方へたわむ。こうした足跡のくぼみとその下のたわみの層はいつもセットになっているが、これが長い年月をかけて地層として残り、上のくぼみの部分が風化や川の流れなどで削られてしまったような場合、下のたわみの部分だけが残って地表面で見られることがある。これは本当の足跡のくぼみではないが、足跡化石のひとつとして見なされ、アンダープリントと呼ばれている（これの日本語はない）。51ページ図の②に示したようなアンダープリントは、上からの圧力でできあがっているので、その周辺部よりも地層が緻密になっている。そのため、緻密でない周辺部が先に削られて、緻密な圧縮部分だけが地面から突き出たような奇妙な台形になることもある（51ページ図の③）。

一方、泥上についた足跡のくぼみが、近くの川が氾濫して流れてきた砂に覆われ化石となる。その地層が露出した後に本来の足跡にあたる泥の部分だけが浸食されてなくなると、硬くなった上の砂の層だけが足跡のくぼみの形で出っ張って残ることがある。これを凸型の足跡と言う（左図の④）。

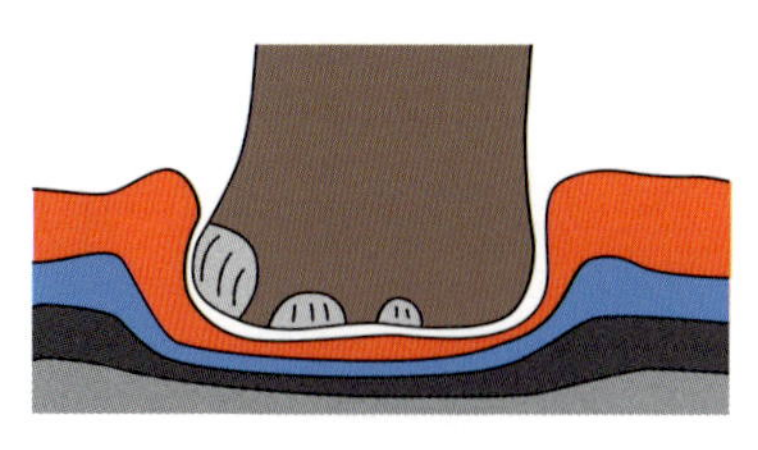

①動物が軟らかい地面を踏んだ時にできる足跡。くぼみの下や周辺の地層は変形する

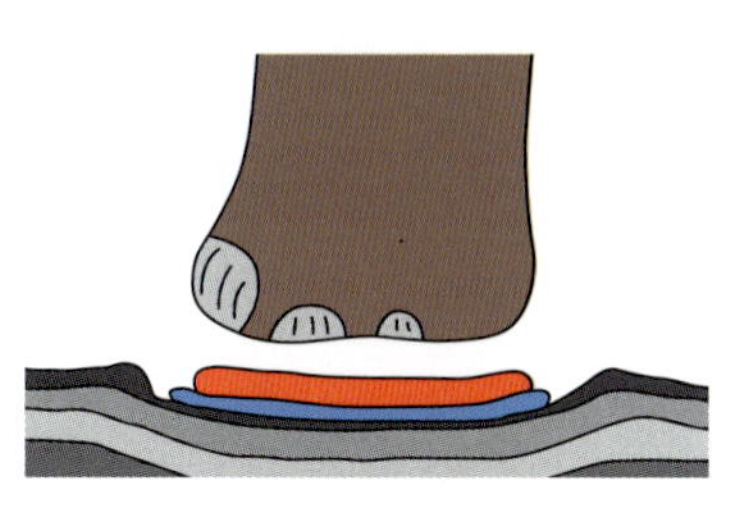

②浸食で周辺の地層が削られると、踏まれて硬くなった足跡の真下の部分だけが、せんべいのようになって残ることがある

③その周りが浸食されて緻密な部分だけが台形になって残る

④本来の足跡のくぼみの形で上の層から垂れ下がっている凸型の足跡（茨城県大子町、中新世）

動物が踏み込んでできる地層の変形と台形になったアンダープリントや凸型の足跡

さまざまなアンダープリント

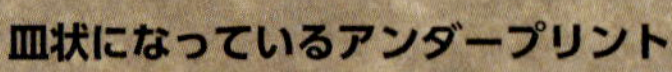

皿状になっているアンダープリント

圧縮された部分が1～2㎝くらい盛り上がっていて、足跡の輪郭がわかる台形になっている

5㎝以上盛り上がった台形で、足跡の輪郭がわかりづらいものもある

20 足跡が化石として残るには

私たちが野外で見る足跡化石は、多くの試練を乗り越えて残ってきた強者(つわもの)である。その試練には次のようなことが考えられる。

①足跡がつく時
・足跡がつく地面の粒度や水分量が適度でないと足跡はつかない。
・小型で軽量の動物の足跡は、ついても浅いので残りにくい。これに対して、体重の重い動物や蹄もしくは長い爪のある動物では足跡が残りやすい。

②埋もれる時
・地面についた足跡は、その後いったん乾燥して硬くなったり、上から新しい堆積物がすぐに覆いかぶさらないと残らない。また、つけられた足跡のくぼみに、新しい堆積物が水流で運ばれてきた時に足跡が削られてしまう。

③地層中
・地層の圧縮や脱水などによって元の形が変形する。また、地層が隆起したり、河川によって削られて足跡化石がなくなってしまう。

④足跡化石として地表に現れてから
・発見が遅くなると風化や浸食でなくなる。また、工事現場では気づかれずに破壊されてしまう。

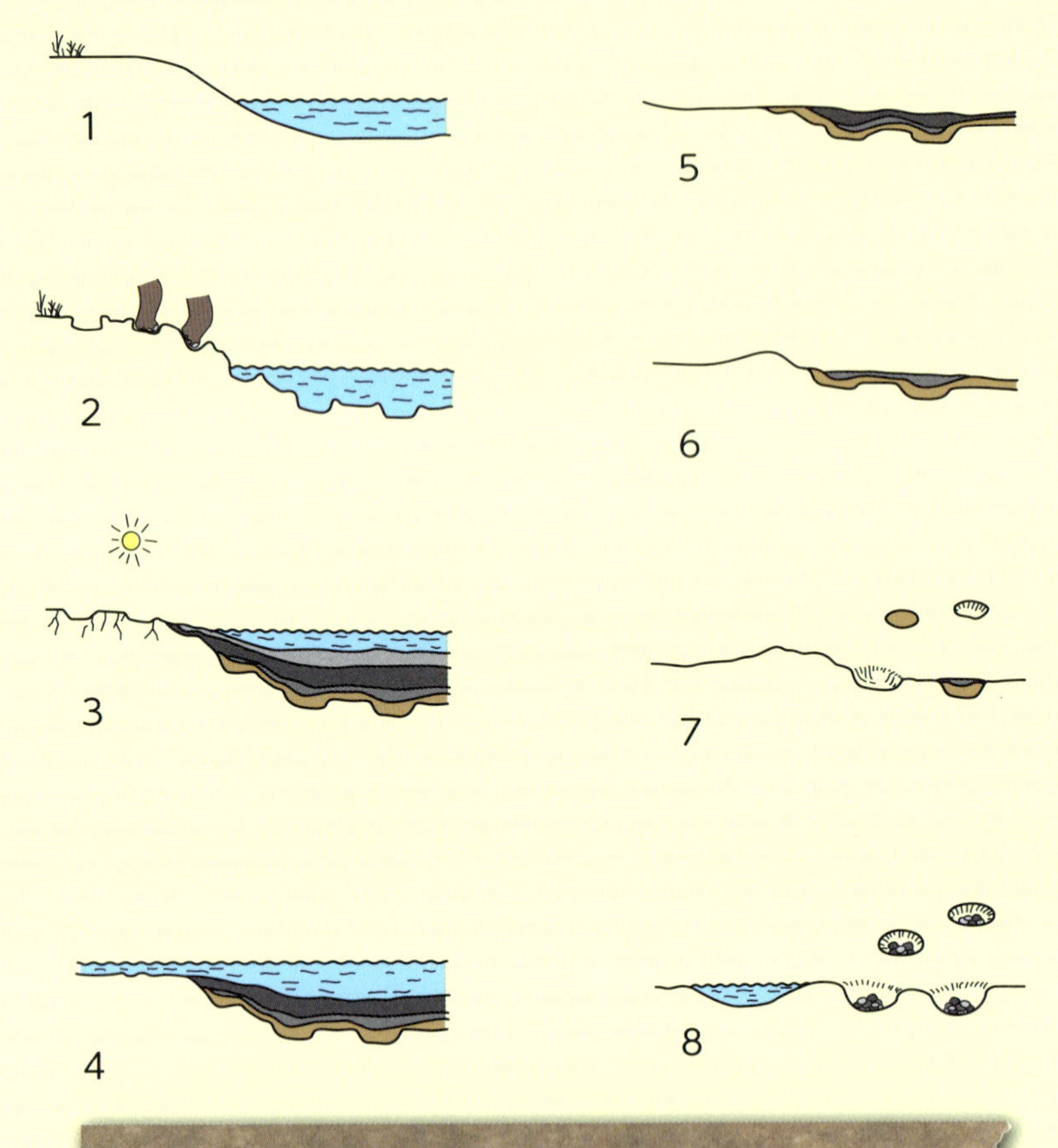

足跡化石がついてから見つかるまでの過程

1. 太古の川や湖沼の岸辺。貝や魚やワニなどが棲むこともある
2. 動物が岸辺へ来る、沼の中へ入る。そして足跡を残す
3. 干あがって硬くなった足跡が残る。近くの川が氾濫して乾燥したくぼみが土砂で埋もれる。なお上に土砂がたまっていく
4. 時が経って、流れで上の地層からはがれてくる。工事ではがされる
5. 工事や川の洪水で足跡のついた地面に近づいてくるとくぼみの輪郭が見えてくる
6. 調査開始。まだくぼみの中に砂などが入っているものを発掘する
7. なお時が流れると風化や浸食で足跡化石は崩れていく
8. 単なるくぼみになってしまうと足跡化石かわからない

21 足跡を残した古琵琶湖畔の動物たち

①ゾウ類の足跡化石

ここでは、およそ400万年前から50万年前の古琵琶湖層群に残された（一部に東海層群からのものも含むが）足跡化石を動物の種類ごとに見てみよう。はじめにゾウ類から紹介する。ゾウ類の足跡化石は、今のところ三重県の伊賀市市部（いちべ）の木津（きづ）川河床などに見られるものが最も古い時代のものである。木津川の河床には市部火山灰という約410万年前に降った火山灰が見られることからその年代がわかる。

この時代の地層は、古琵琶湖層群の中で最も古い時代の地層で上野層と呼ばれているが、その次の伊賀層の中でも最も新しい時代である320万年前まで、ゾウ類の足跡化石は連続的に見ることができる。その次の阿山層の時代には少ししか見られないが、ふたたび甲賀層や蒲生層の180万年前まで連続的に見られるようになる。次の草津層の時代（約150万年前後）は、地層が砂や礫（れき）からできていたり、地層を見られる場所が限られていることもあり、ゾウ類も含めて足跡化石は発見されていない。堅田層になると、琵琶湖の西側の堅田丘陵や高島市の安曇（あど）川などの約100万年前から45万年前までの時代から連続的に発見されるようになる。

日本のゾウ類の化石は、時代の移り変わりとともに種類も変わっていくのが特徴である。つまり、500万〜300万年前はミエゾウ、250万〜100万年前はアケボノゾウあるいはその類似種、110万~70万年前はムカシマンモスゾウ、60万~50万年前はトウヨウゾウ、30万~3万年前はナウマンゾウといった具合である。したがって、古琵琶湖層群のさまざまな時代で見られるゾウ類の足跡化石は、同じ種類のゾウがつけた足跡ではなく、いくつもの種類のゾウの足跡であることは想像できる。

これまで調査してきた各時代のゾウ類の足跡化石の中で、保存のよいものを紹介しよう。

伊賀市平田（約370万年前）

伊賀市真泥（約350万年前）

伊賀市御代（約330万年前）

甲賀市宇田（約230万年前）

甲賀市野尻（約280万年前）

東近江市山上（約180万年前）

甲賀市森尻（約260万年前）

高島市上古賀（約70万年前）

鈴鹿市伊船（約240万年前）
これは東海層群である

古琵琶湖層群の各時代のゾウ類の足跡化石

（東海層群産を含む）　※スケールの長さは30cm

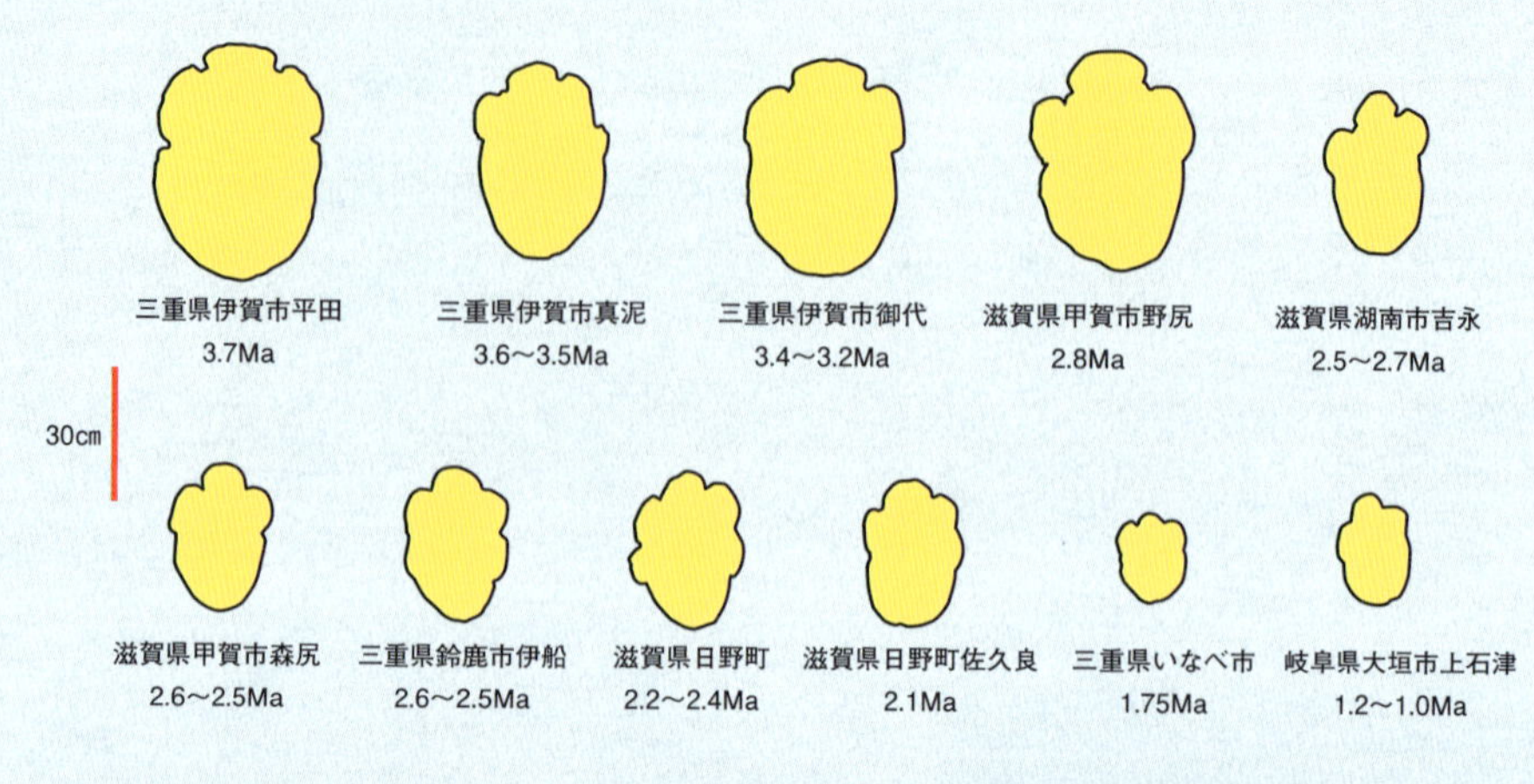

※Ma＝Mega annum（百万年前）。地質学などで使われる時間の単位

約370万年前から130万年前までのステゴドン科のゾウと推定される後足の足跡の大きさの変化

保存状態のよい足跡化石は、まれにしか見ることができないので、それぞれの大きさがその時代の平均値を示しているわけではない。しかし、時代順に並べてみると、新しい時代のものほど、小型化しているようで興味深い

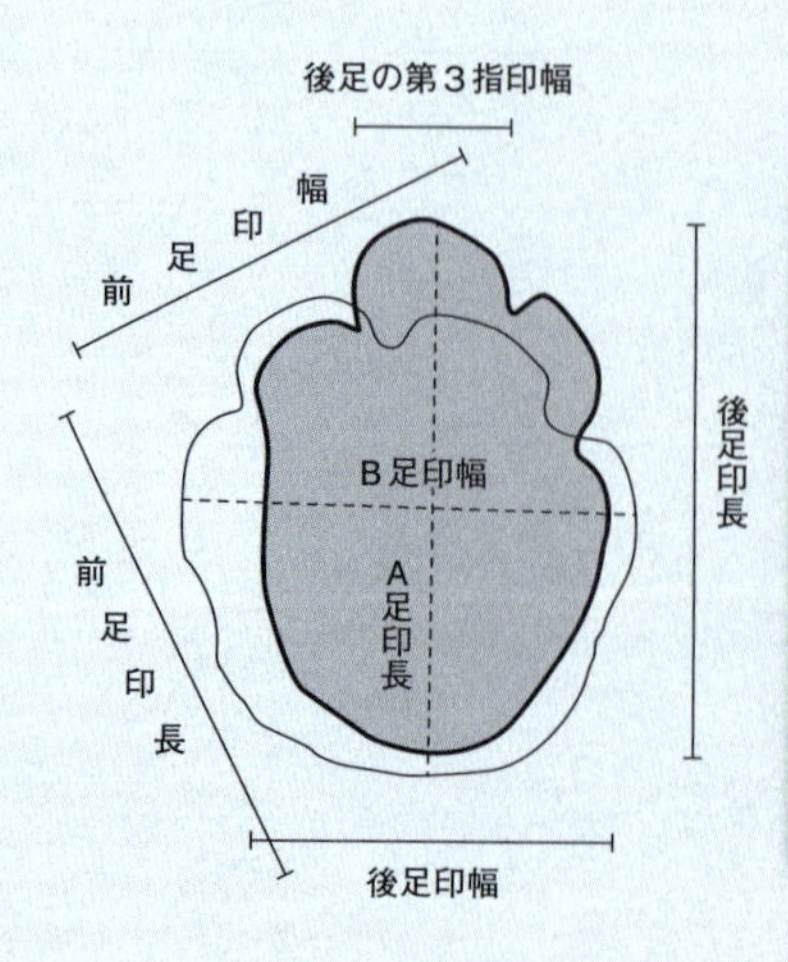

ゾウ類の足跡化石の計測位置

化石で出てくるゾウ類の足跡は多くの場合、前足と後足の足跡が重なっていてひとつのように見える。これを前後重複足印と呼んでいる。その足跡をよく観察して、前足と後足の長さを区別して測ることが望ましいが、前後の足跡の区別ができにくいことも多い

②サイ類の足跡化石

古琵琶湖層群からのサイ類の足跡化石は、大津市から2006年に初めて確認され、2011年に論文として報告した。それ以来、サイ類の足跡化石産地は急速に増加した。その理由は、これまで大きな円形や楕円形の足跡化石は、あまり疑いをもたずにゾウ類の足跡だと思い込んでいたものが、その中にサイ類の足跡化石があることに気がついたからである。サイ類の足跡化石が古琵琶湖層群にもあることがわかり、観察力が増してくると足跡の前側に見られる指の長さや形、大きさなどがゾウ類とサイ類では違っていることに気づくようになった。

もしかしたら、以前調査した中にもサイ類の足跡を見落としていた可能性があるかもしれないと、1988年から2010年までに撮影した写真を見返してみた。すると、1988年にゾウ類や偶蹄類の足跡化石が発見されて話題となった湖南市吉永をはじめ、いくつかの場所で撮影した足跡化石の写真の中にサイ類のものがあるのを確認できた。こうした過去の調査時の写真を見直すことで、サイ類化石の産地が増加し、400万年前から50万年前の間、琵琶湖の周辺でもゾウ類とサイ類とシカ類がともに生活していたことが確認できるようになった。

湖南市吉永のサイ類の足跡化石

1989年の調査時に撮影したもので、長い3本の趾の跡があるにも関わらず、当時はゾウ類の足跡と思い込んでいた

※スケールの長さは10cm

最近出てきたサイ類の足跡化石

底にたまった泥水の輪郭が三趾型であることからわかる

伊賀市市部（約410万年前）

伊賀市依那具（約410万年前）

伊賀市真泥（約350万年前）

伊賀市御代（約330万年前）

亀山市野村町（約320万年前）

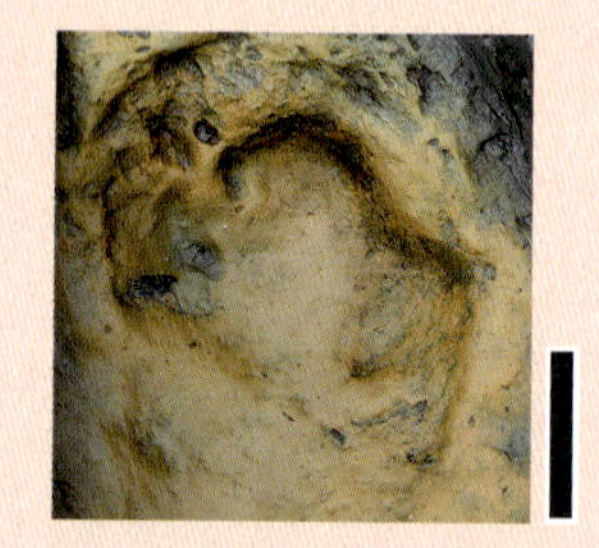

甲賀市水口町（約270万年前）

古琵琶湖層群からのサイ類の足跡化石

伊賀市真泥以外の標本は前後の足跡が重複している

（東海層群産を含む）　※スケールの長さは10cm

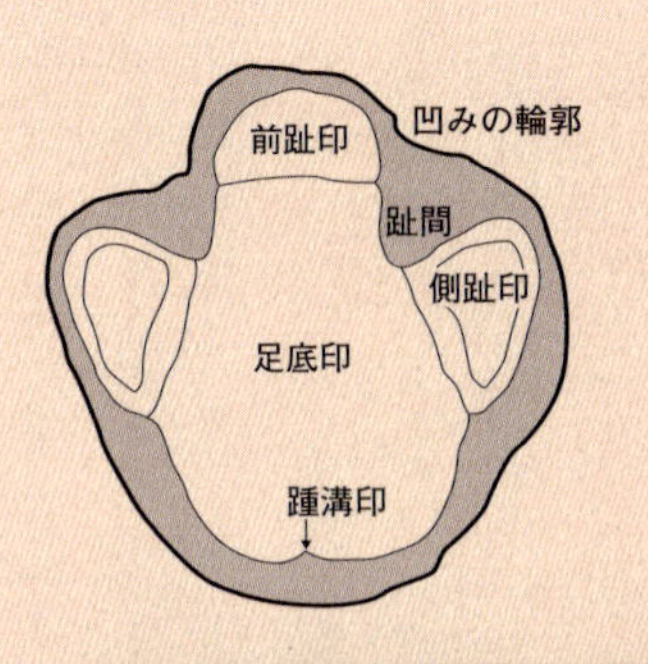

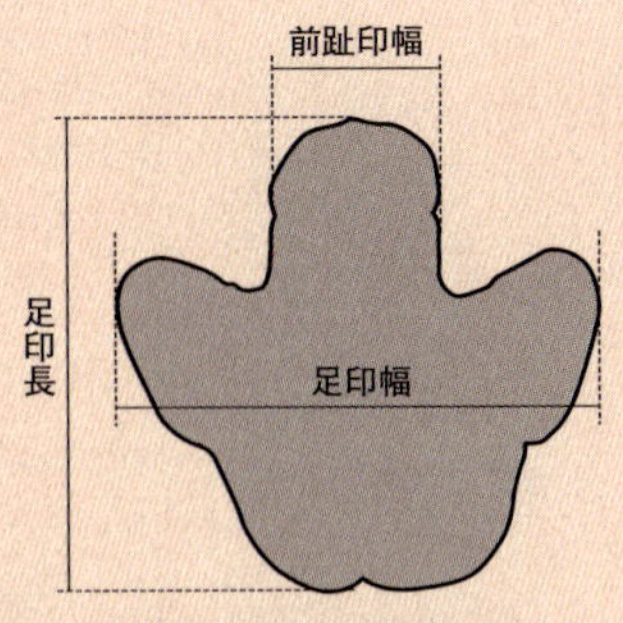

サイ類の足跡化石の各部位の名称と計測位置の一部

湖南市吉永（約260万年前）

甲賀市水口町北内貴（約230万年前）

日野町中山（約210万年前）

東近江市山上町（約180万年前）

高島市安曇川町長尾（約70万年前）

大津市伊香立（約55万年前）

③シカ類の足跡化石

シカ類の足跡は、ササノハ形のくぼみが2個並んでV字形やハの字形（逆V字形）を作ることが多い。まれに、U字形やH字形のものも見られたり、さらに複雑な形をしたものも見られる。これらは、前後の足が同じ所に重なってつく場合が多いことや足跡がつく時に軟らかい地面が変形をしてしまったり、ついた後にくぼみに流れ込んだ堆積物で削られてしまったりして作られるもので、もはや思考の範囲を超えているといっても過言ではない。こうしたササノハ形のくぼみは、そのほとんどがシカ類のものと考えているが、現生種では図に示したように同じような足底（蹄の底）の形をしている動物はほかにもたくさんいて、この形の足跡から動物の種類を決めることはそう簡単ではない。

U字形のもの

ハの字形（逆V字形）のもの

V字形のもの

H字形が収縮したもの

H字形のもの

逆U字形のもの

シカ類がつけたくぼみが多いと考えている足跡化石のいろいろな形

※スケールの長さは10㎝

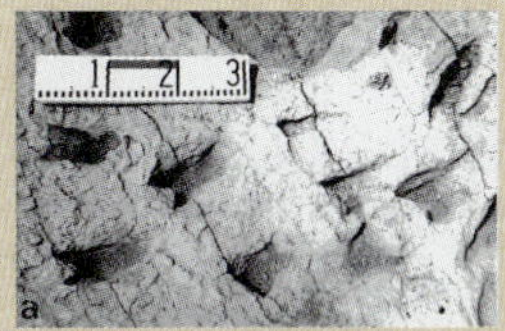
1995年２月

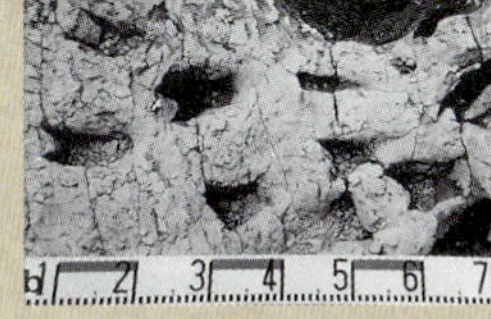
1995年10月

1996年１月

1996年３月

同じ場所でシカ類の足跡化石が時間の経過とともに変化する様子を追ってみた

タ イ プ			主蹄（印）長 50mm 未満	50～100mm	100mm以上
1	半円形				フタコブラクダ ヒトコブラクダ
2	腎臓形				ウシ，コブウシ バンテン，スイギュウ，ヤク ガウア，ヨーロッパバイソン アメリカバイソン ターキン
3	長腎臓形		イノシシ スマトラカモシカ ヤギ バーラル	ニホンカモシカ ゴーラル，アカゴーラル ヒマラヤタール シフゾウ	アミメキリン ラマ
4	勾玉形				トナカイ
5	ササノハ形		ジャワマメジカ，キョン マエガミホエジカ，ホッグジカ キバノロ，ホエジカ トビイロホエジカ マエガミジカ，ノロ ニホンジカ コーブ，ゲレヌク，アルガリ	エルドジカ，サンバー クチジロジカ，バラシンガジカ アキシスジカ，ダマジカ アカシカ ゲムスボック，オグロヌー ハーテビースト，シタツンガ ボンゴ エダツノレイヨウ	ヘラジカ ジャイアントイランド
6	ヤナギハ形		コビトジャコウジカ オリビ，ステンボック アカダイカー，モウコガゼル アイベックス	シタツンガ	

偶蹄類の主蹄（印）の形態と長さによる分類

（岡村・高橋、2003）

主蹄の形態は片側だけ示し、副蹄は省略した。偶蹄類の中には１個の主蹄の形がヤナギの葉のように細いものから腎臓形や半円形に近い形のものまでいろいろである

④ワニ類の足跡化石

私がはじめてワニ類の足跡化石と出会ったのは1997年、能登半島の北部にある石川県鳳至(ふげし)郡門前町（現、輪島市門前町）の山深い谷川であった。時代は中新世で約1900万年前である。このワニ類の足跡化石の研究は、伊豆半島にある熱川(あたがわ)バナナワニ園からはじまるが、そのことは第4章でお話しする。

ワニ類には前足に5本、後足に4本の指があり、その指の間には指間膜(しかんまく)と呼ばれる水かきがある。それは後足の方が大きい。タイのワニ園で泥の面についたシャムワニの歩いた跡を観察したところでは、前後の足跡の形態はよくわかったが、水かきの跡はわかりにくかった。

ワニ類の足跡化石に話をもどすが、産地の数は国内の新生代ではシカ類、ゾウ類、サイ類に続いて多い。古琵琶湖層群からは、これまでのところ三重県伊賀市の服部川河床からや滋賀県甲賀市の杣(そま)川河床、湖南市の野洲川河床、日野町の日野川河床、多賀町四手(しで)など約410万年前から180万年前までの地層から発見されているほか、高島市や堅田丘陵の約90万～50万年前の地層からも確認している。それらのうちのいくつかを写真で示すが、どこでも、このようにきれいに出るかと言うとそうは簡単にはいかない。爪の引っ掻(か)き跡らしいものだけが残っている場合や2㎝に満たない小型もある。もっと野生のワニ類の足跡を観察する必要がある。ワニ類以外にもトカゲ類、あるいはイモリやサンショウウオなど水底を移動する両生類や爬虫類の足跡を見なければと痛感するが、どうすればよいのか。

輪島市門前町の産地の様子

泥場についた
シャムワニの歩いた跡（タイ）

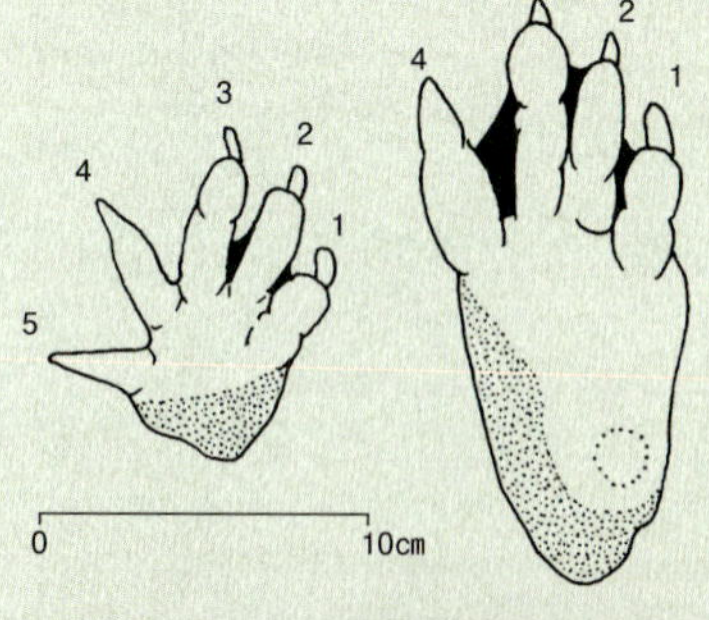

全長180cmのナイルワニの前後足を粘土に印跡し，
取った型のスケッチ（影部は移動時に接地しない）

ナイルワニの手足の形

爪の跡が幾筋もカーブして
ついている（亀山市野村町）

伊賀市柏野（約330万年前）

伊賀市平田（約370万年前）

甲賀市水口町宇川（約270万年前）

伊賀市真泥（約350万年前）

古琵琶湖層群からのワニ類の足跡化石

※スケールの長さは10cm

多賀町四手（約180万年前）

甲賀市水口町宇田（約230万年前）

高島市安曇川町長尾（約90万～70万年前）

日野町増田（約200万年前）

⑤トリ類の足跡化石

古琵琶湖層群からトリ類の足跡化石も比較的よく見つかる。目が慣れてくると思いのほか見つけやすい。まれに底生動物（沼などの底に棲んでいる小さな動物）があけた細長いトンネルが十字形になっているものがトリ類の足跡のように見えるので注意せねばならない。

現生のトリ類の足の形態は図に示したように基本的には4本の指をもっていて、その鳥が棲んでいる環境によって、地上で歩きやすい、枝にとまりやすい（樹上生活など）、水面や水中で泳ぎやすい、飛びやすく獲物をとりやすいなど、それぞれの生態に適応した指や爪をもっている。また、私たちはトリ類の姿はふだんどこでもよく見るが、足跡はそうではない。よく目にするのはやはり河原や水の減った池や水田、干潟などの砂や泥の上、また雪の上であり、その種類も海辺のものを除くとサギ類、ツル類、コウノトリ類、シギ・チドリ類、ガンカモ類、セキレイ類、ウ類などが圧倒的に多い。したがって化石となって残っているものも、当然このような種類が多い。すなわち水辺に生息している種類や水辺に来る種類が多いのである。

古琵琶湖層群（東海層群も含む）から発見されているトリ類の比較的きれいな足跡化石を図に示す。写真が小さいのでわかりにくいだろうが鈴鹿（すずか）市伊船（いふな）町（東海層群）からの1例を除き、ほかのトリ類の大きさや形はよく似ているように見える。それはトリ類の足跡がつく環境が水辺であり、そこへ来るトリ類の種類がある程度限定しているからであろう。私が化石で見たものはツル類やコウノトリ類に似た形のものが多く、シギ、チドリ類に近い形のものは鈴鹿市伊船からの1個だけである。
　トリ類の足跡化石を計測する場合、足印長と足印幅は、文字どおりで足跡の全長と最大の幅であるが、実際には爪と指との境目がはっきりしない場合が多く、爪の部分を含めて計測せざるを得ない。これは足印長、足印幅だけでなく1本の指の長さを測る時も同じことが言える。

鳥類の足部のいろいろ
（『日本動物図鑑』〈北隆館〉を基に描く）

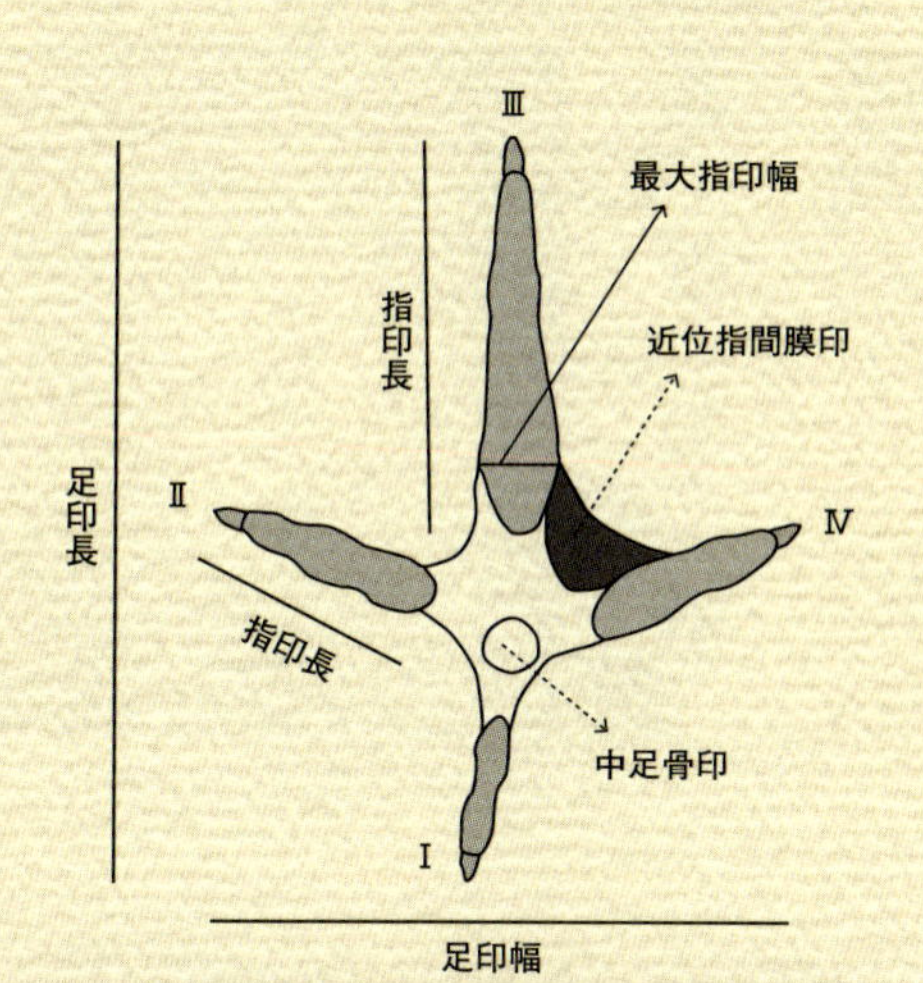

トリ類の足跡の部位の名称と計測位置

伊賀市真泥（約350万年前）

亀山市野村町（約330万年前）

伊賀市円徳院（約330万年前）

鈴鹿市伊船町（約250万年前）

古琵琶湖層群からのトリ類の足跡化石
（東海層群産を含む）

大津市小野（約70万年前）

湖南市吉永（約260万年前）

大津市伊香立（約50万年前）

日野町増田（約200万年前）

第4章 動物の足跡と生態を探る

22 動物園で足跡を見る

ここまで紹介してきたように、古琵琶湖層群からは大きく分けてゾウ類、サイ類、シカ類と考えられる偶蹄類、ワニ類、ツル類やコウノトリ類などの大型のトリ類の五種類の足跡化石が確認されている。鈴鹿山脈をはさんでその東側に分布するほぼ同じ年代の東海層群からも同様の足跡化石が発見されている。一方、歯や骨の化石は、ゾウ類、サイ類、イノシシ類、シカ類、ウシ類、ネズミ類、ウサギ類、ワニ類、カメやスッポン類、トリ類などが見つかっており、足跡化石の種類よりも多いが、いずれにしても当時生きていたであろう動物の種数や頭数からいえば、かなり少ないように思える。

私は、1988年に湖南市吉永でゾウ類と、シカ類と考えられる偶蹄類の足跡化石に出会い調査を行う中で、化石の足跡ばかりを見ていても、謎は解決できないことに気づくようになった。こうした思いは、調査が進んでたくさんの化石を見るにつれますます強くなっていった。そこで、私はまずは近くの里山に出かけ現在生きているニホンジカやイノシシ、タヌキやキツネ、イタチやテンなどがつけた足跡を観察するほか、動物園などにも行って足跡を観察することを始めた。

国内の動物園をいくつか回り、足跡化石として多く発見されるゾウ類やシカ類の飼育場所を見せてもらったが、それらは動物との距離が遠くて足跡の観察は十分にできなかった。さらに、その柵内の地面はコンクリートであったり、砂であったりして、きれいな足跡を見ることとはほど遠かった。しかたなく、剥製（はくせい）などが展示・保管されている動物園内の資料館で、動物の足の底の観察を行うことにした。資料館の許可をもらって一日中剥製の足の裏を観察したり、計測や撮影を行ったりもした。ある資料館では、病気やケガで診察した動物や死んだ動物の足底の石膏（せっこう）型をたくさん保管してあり、そうしたすばらしい標本を夏場の暑い時に冷房の利いた快適な部屋で観察させてもらった。しかし、石膏型の難点は、〝静止した〟型であると言うことであった。私には野生の動物の足と動いた後の足跡が見たいという欲求が日に日に高まっていった。

そこで、私は中国上海（シャンハイ）の動物園とサファリパークに行くことにした。なぜならそこは日本の動物園とは違って土の上で動物が飼われており、檻（おり）の中に入って足跡を見せてもらえる可能性があるのではないかと思ったからである。

そんなバカげた（？）ことを頼む私に、日本からすごい動物学者が来るらしいと、上海市内の有名な旅行社がびっくりして、一流のホテルと最高のサービスを用意してくれた。しかし、ホテルが良くても、食事が豪華でも私の目的は動物園で動物の足を十分に見ることであった。私についてくれたガイドさんは、上海でも名の知れた有能なガイドさんで知人や友人が多い。その人脈を駆使して、上海雑技団の上役を通じて上海動物園の飼育課長さんに連絡をしてくれた。こうして、なんとか上海動物園の人と交渉する段取りはできたものの、動物の檻の中に見ず知らずの人間が入ることに動物園側は抵抗があり、なかなか許可が降りなかった。

それでも、ガイドさんの再三の説得と私の1日がかりの説明、それに動物に何かあれば損害賠償すること。反対に私がケガなどをしても動物園側に責任を問わないといった誓約書を交わすことで、ようやく許可をもらい調査することができた。

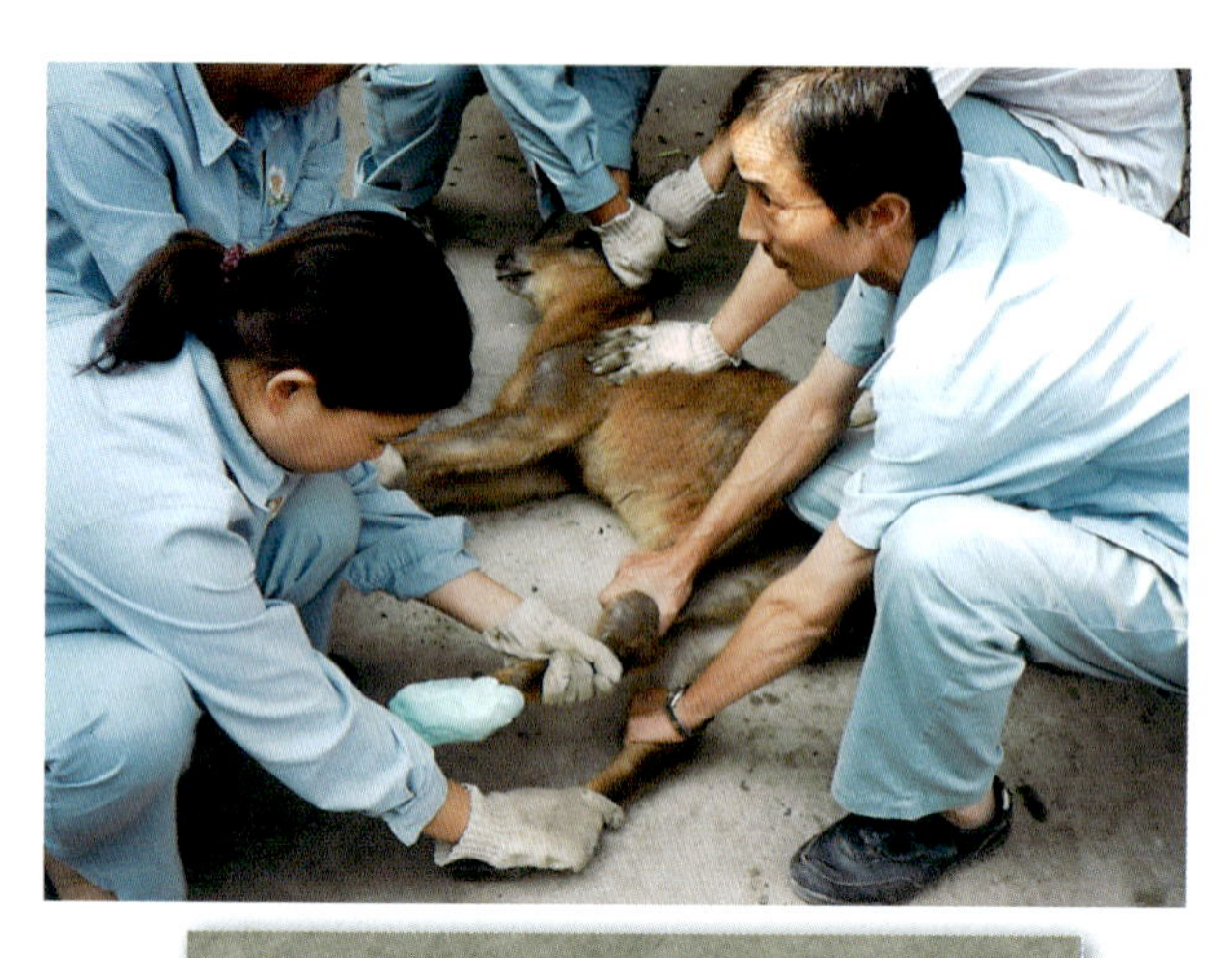

アカゴーラルを5人がかりで押さえつけて蹄の型取りをする（上海動物園）

上海野生動物園でターキンのきれいな足跡を探す

シフゾウの檻の中で石膏を使っての足跡の型取り

檻の中のシフゾウの一家が
「何すんの！」と私をにらむ

シフゾウの足跡の石膏型
ニホンジカの2倍以上の大きさがある

23 タイの遊園地のゾウの足跡

タイにはアジアゾウを飼育しエレファントショーを見せたり、背中に観光客を乗せて楽しませてくれる遊園地がある。また、山間部では山や川の中をゾウの背中に乗って散歩できるような所もある。私は、こうしたところにも目をつけた。最初のうちは、バナナやキュウリ、サトウキビなどを20バーツ（日本円で60円くらい）で買っては、ゾウの鼻に近づけて食べさせながら足先を観察したり、歩き方を見たりしていた。同じエレファント・グラウンドへ何度も行っているとゾウ使いの夫婦と仲良くなり、ついには砂を敷いた柵（さく）の中やショーをする広場でゾウを歩かせ、足跡のつき方を観察したり、写真撮影や計測などができるようになった。

ここで私が見たかったものは、ゾウの足跡の大きさと体格、年齢、性別などとの関係であった。このことは、足跡化石の調査を始めて間もないころから知りたかったことである。古琵琶湖層群の370万年前の地層から出てくる大きなゾウ類の足跡は長さが50cm以上ある。タイで見たアジアゾウの一番大きな足底は、前足の長さ42cm、幅37cm、後足では長さ48cm、幅30cmであり、年齢は50歳であった。そして肩の高さは250cm。このアジアゾウの足の大きさと370万年前の古琵琶湖層からの足跡化石の大きさを単純に計算してみると、太古の琵琶湖畔にいたゾウの肩の高さは300cmを超える。とても大きなゾウがいたことになるが、このことは臼歯（きゅうし）や体の化石からも確かめられている。

このエレファント・グラウンドにはほぼ毎年出かけていった。おかげで同じ個体の成長していく過程も計測することができた。また、ゾウ使いだけでなく、ゾウたちも私のことを覚えていてくれて親しくなった。ゾウは賢い動物で、気に入った人を忘れないそうだ。ローズという子ゾウの誕生日に彼女のシッポの毛で指輪を作り、それをゾウ使いが私にくれた。無病息災を祈願し親しい人にあげるのだという。それ以来、私はジャングルに入るときは、必ずこの指輪をはめている。おかげでいまだかつて一度も大けがをしたり、トラや毒ヘビなどに襲われたことはない。ありがたいことである。

タイ北部のランパンでのアジアゾウの体や足の測定

タイのサンプラーンでの子ゾウの足跡の撮影

子ゾウを厩舎(きゅうしゃ)へ連れていく筆者
乗せているのはゾウ使いの息子（タイ）

インドネシアのジャカルタのラグナン動物園でもスマトラゾウの足跡を調べる筆者

1.5歳　雌・300kg

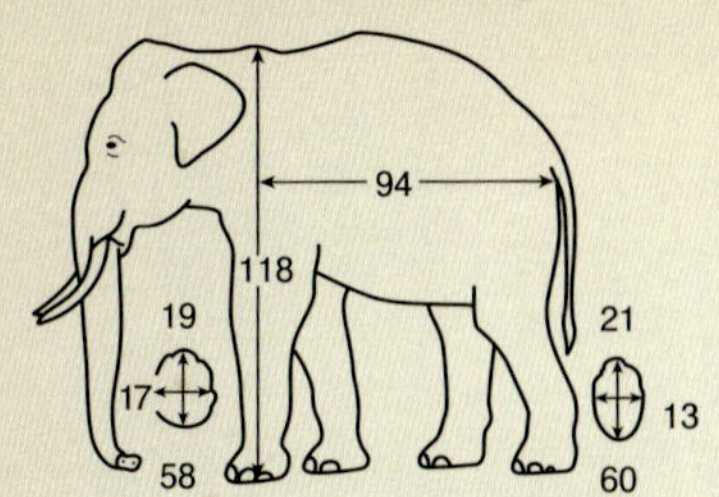

3歳　雄・500kg

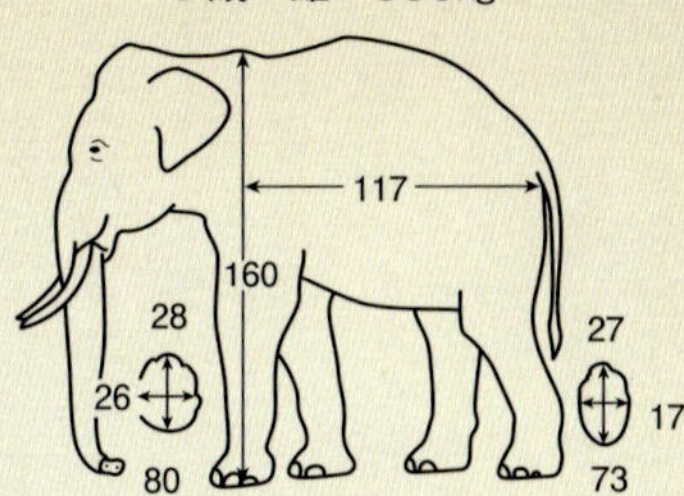

10.8歳　雌・2600kg

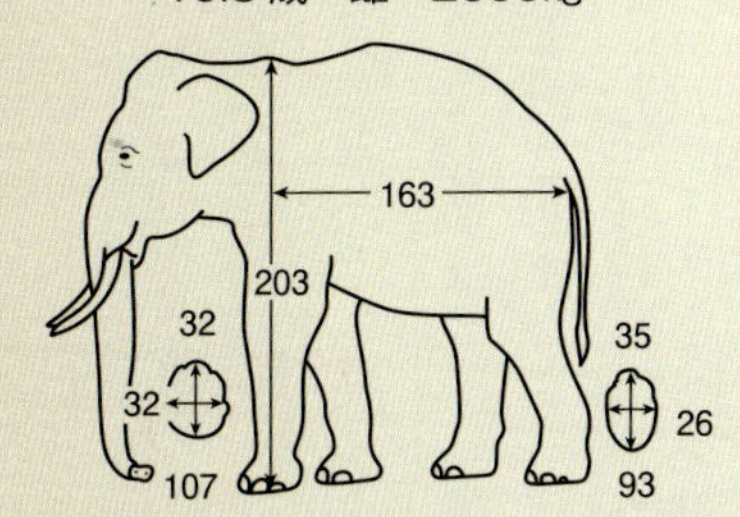

20歳　雌・2500kg

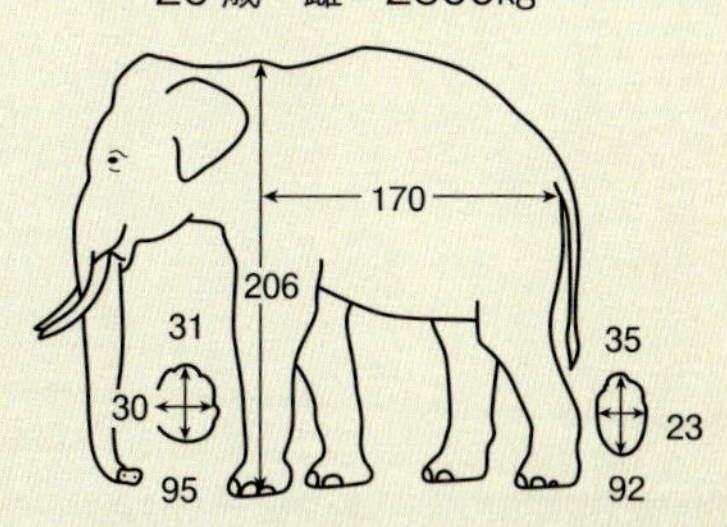

32歳　雄・3500kg＋

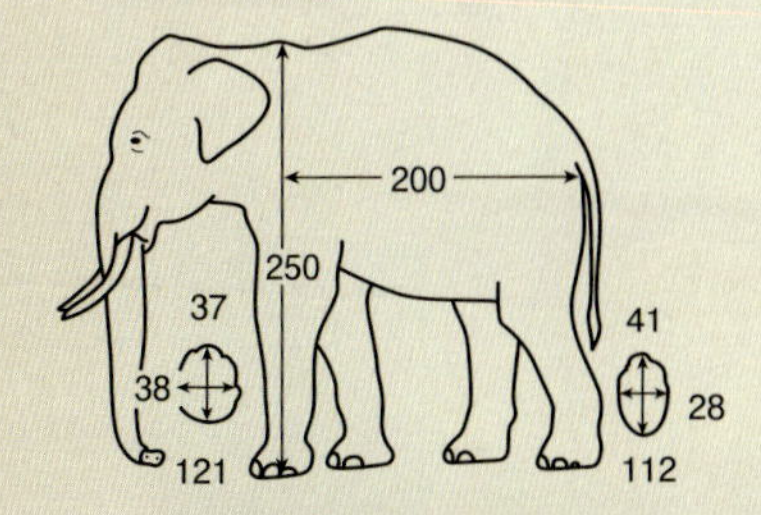

50歳　雄・3000kg

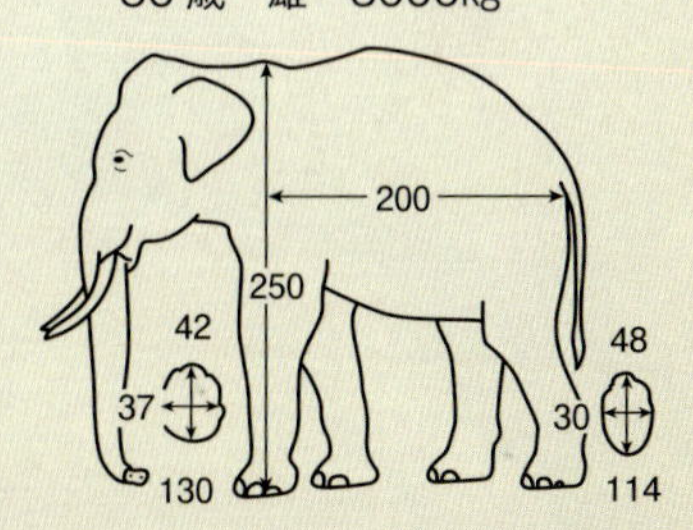

タイで計測したアジアゾウの肩高、胴の長さ、足底の大きさの例（単位は㎝）

24

ハナ子の足

２００２年４月、みなくち子どもの森（甲賀市）の小西省吾さんから連絡が入った。ある遊園地で飼育されていた42歳のアジアゾウのハナ子が亡くなったので、関西の獣医さんたちが集まって解剖をするという。もし見たければ参加できるとのことだった。私はアジアゾウの体格と足底の大きさの計測を続けていたので、ぜひ観察させてほしいとお願いをした。

午前9時30分から説明が始まり、解剖がはじまることになったが、私たちはその前に各部位の計測をしたかったので、そのことをお願いしてやらせてもらった。ハナ子は横たわったままで息をひきとったので、計測はその姿勢で行った。解剖は、ハナ子の体重が３ｔくらいあり重いので、チェーンで吊り上げながら行われた。獣医さんたちの手際のよさは目を見張るものがあった。私が大学で習った解剖実習とはずいぶんと違っていた。

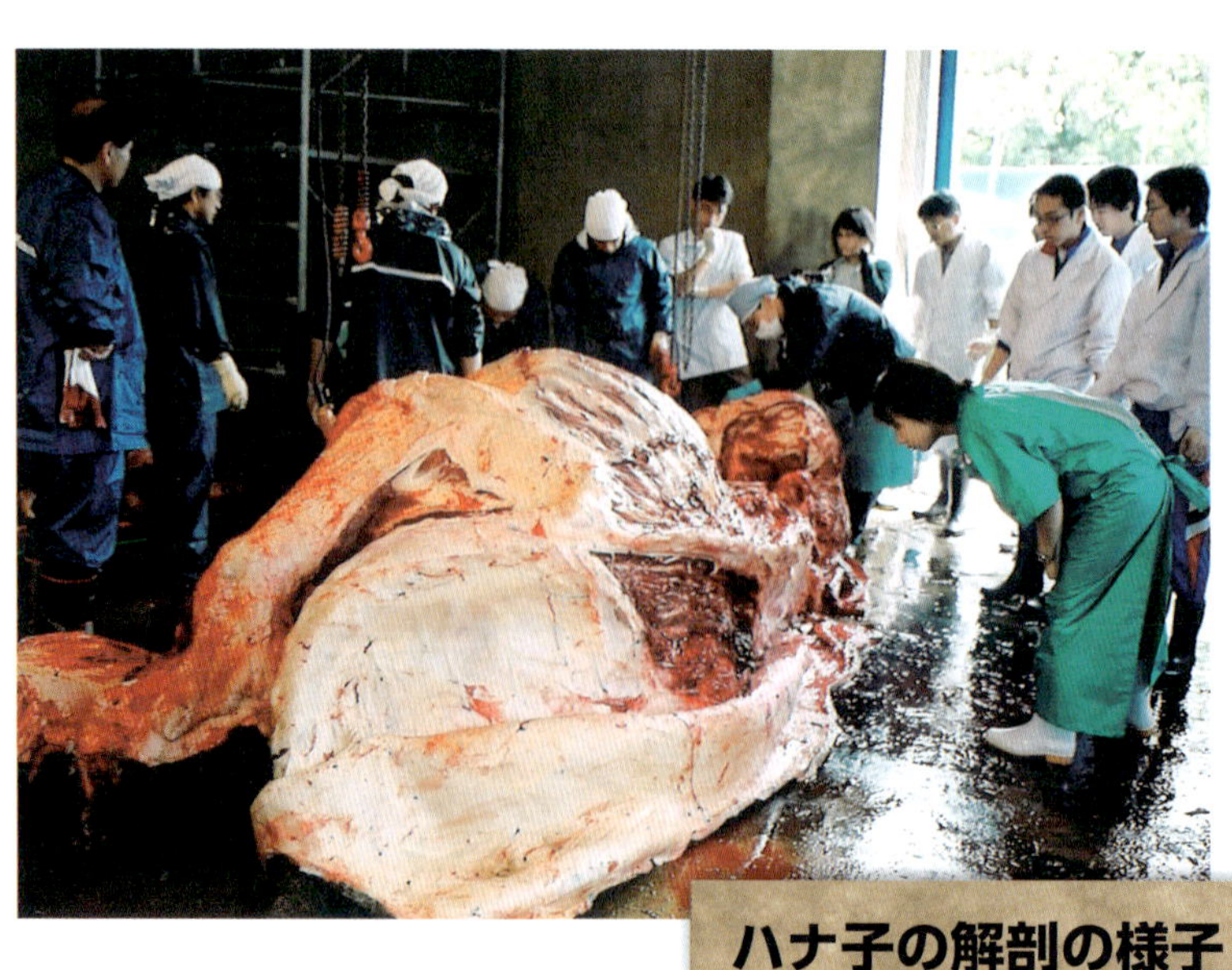

ハナ子の解剖の様子

右後足の底面

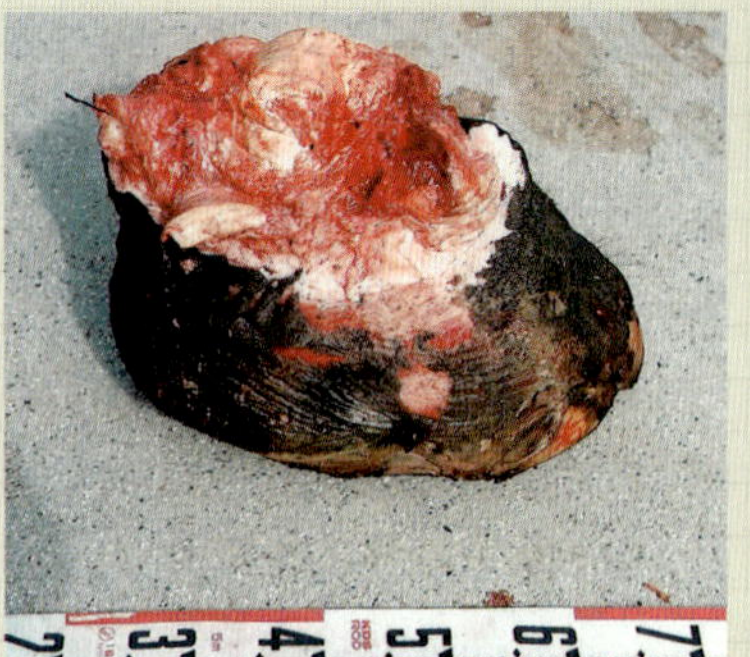

切断された右後足

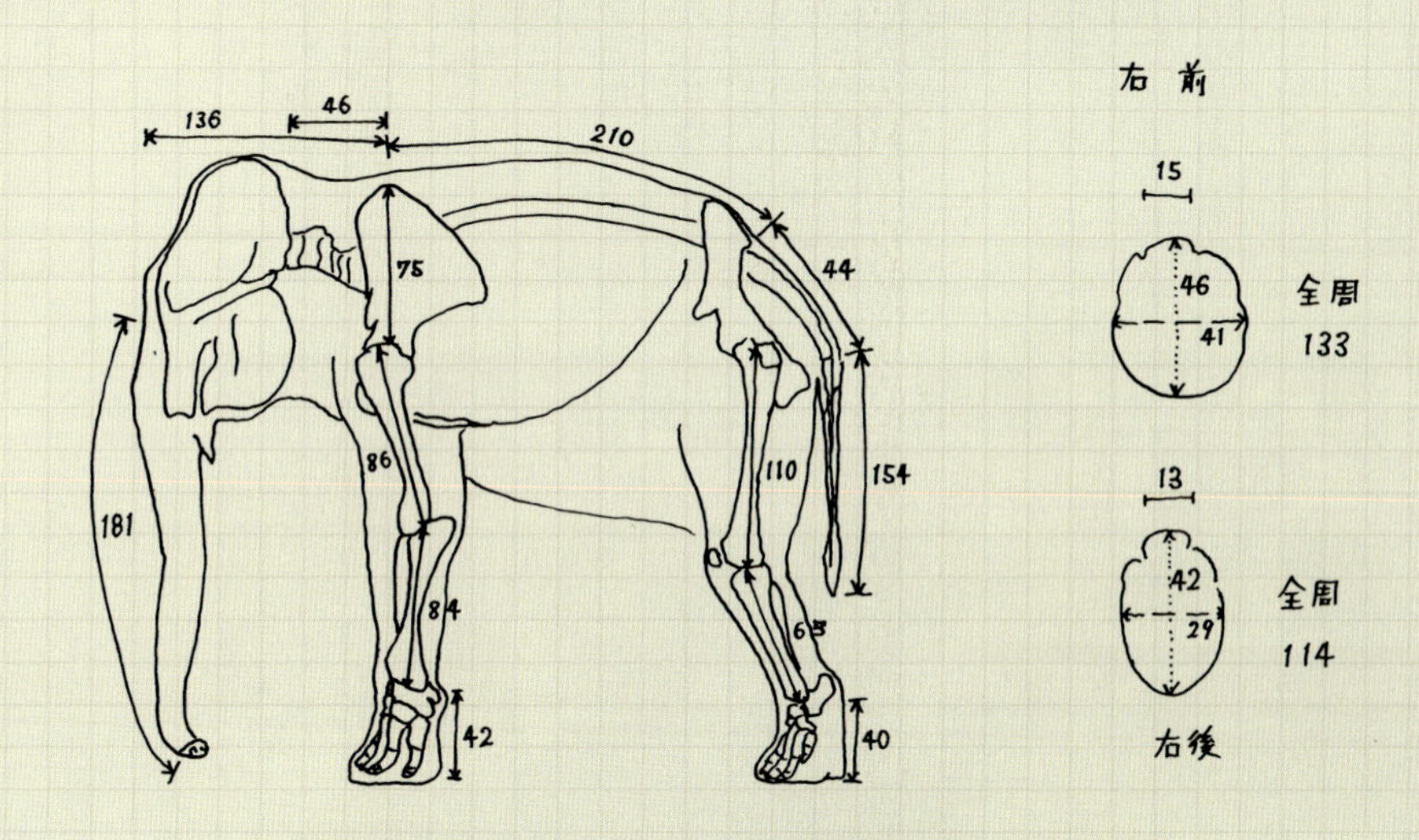

横たわったままでのハナ子の各部位の計測値(当日のメモ帳から)

25

ワニ園での型取り

室内ではアジアゾウだけでなく、ワニ類の足についても調べた。お世話になったのは、伊豆半島にある熱川バナナワニ園である。ここでは全長180㎝のナイルワニを押さえつけてもらい、その間に前後の足を粘土に押してつけて型を取ることができた。

タイのバンコク市郊外には世界最大と宣伝しているサムットプラカン・ワニ園がある。いろいろな種類のワニ以外にも東南アジアの珍しい動物がいたり、資料館もあったりして、私にとっては楽園、いや楽しい学園のひとつである。ただ、ここでは飼育池の上に造られた高い回廊から下の泥場の足跡を撮影するだけで、スケールを置くこともできず、ワニの足跡を近くで見たい私にとっては残念でもある。でもスケールを置くために地面に降りれば、エサのニワトリのガラと同じように一口で嚙(か)み砕かれて命はなくなってしまうことだろう。

熱川バナナワニ園でナイルワニの計測の様子

熱川バナナワニ園で
ミシシッピーワニの
手足の型取りの様子

サムットプラカン・ワニ園で
飼育中のシャムワニの群れ

26 動物園から野外へ

飼育下のアジアゾウの観察は、タイのバンコク市内の遊園地、北部のチェンマイ市からさらに北にあるゾウ園などでも行った。ゾウは平地でも傾斜した山道でも前足を置いた場所に後足を置く。もちろんゾウの目は顔の横の方についているので、たぶんつま先あたりの地面の状況は見えていないだろう。行く先を前もって見ておいて、そこにつま先を運んでいるのかもしれない。濁った川でゾウを歩かせてもらったこともある。川底には石ころがゴロゴロしていたが、つまずいたりせずに平地と同じように歩いて行った。まるで足の裏にセンサーがついているようだった。

マレーシアやインドネシアの動物園でも普通の歩行時と、速足の時の足の運びや足跡のつき方を観察した。しかし、動物園や遊園地のゾウたちとは親しくなったとはいえ、やはり部外者の私に完全には心を許さなかったように思える。観察の結果、アジアゾウでは、通常の歩行時に前足と後足が重なることはわかったが、歩き方がどうもぎこちない。例えば、歩くところに沿って10ｍの巻尺を置いた時などは、それが気になるのかそこから離れようとしてまっすぐに歩いてくれない。私は、こうした飼育されているゾウを歩かせる「歩き方の観察」を繰り返すうちに、これでは自然の中で闊歩(かっぽ)していた太古のゾウたちの足跡の研究には参考にならないような気がしてきた。

そこで、次はタイやマレーシアの国立公園や野生動物保護区へ行ってみることにした。タイのカオヤイ国立公園のアスファルト舗装の道路には、朝早く行くとゾウの糞が落ちている。糞だけでなくゾウの家族に出会おうこともある。泥場からでてきた時には、その歩いた跡がくっきりと残っている。その行跡を見ると、前足と後足の重なり具合で、ゆっくり歩いたのか、速足で歩いたのかがわかる。やはり、柵の外で見る野生ゾウの足跡は格別である。

ナムナオ国立公園(タイ)の林道での行跡

カオヤイ国立公園(タイ)の道路上のアジアゾウの行跡
後足が前足の少し前に重なっていることから、やや速足で歩いたことがわかる

27

ボルネオ島にサイの足跡を求めて

ボルネオ島（カリマンタン島）のマレーシア領には、5回足を運んだ。なぜ、何度も行くことになったのか。ひとつにはここで野生の動物たちがたくさん見られるからである。オランウータンをはじめ、何度か行くうちにアジアゾウやイリエワニにも会うことができた。こうしたさまざまな野生動物の足跡を観察できることはとても興味深い。しかし、私がボルネオ島にひきつけられたもうひとつの理由は、ここには原始的と考えられている小型のサイ類であるスマトラサイが、施設や野外で保護されていたからである。

私がフィールドとしている古琵琶湖層群からは、2006年ごろからサイ類の足跡と考えられるものが次々に見つかるようになった。そこで、いろいろなサイ類の足底の形や足跡のデータや資料を集め始めたのだが、そうしているうちに古琵琶湖層群から発見されるサイ類の足跡化石研究に参考になりそうなスマトラサイの足跡をぜひ見てみたいと思うようになった。大阪の天王寺（てんのうじ）動植物園の資料館にはスマトラサイの剥製が保管されており、それも計測させてもらったが、剥製の足の形から足跡の形やつき方を推定するのには限界があり、やはり生きているスマトラサイのつけた足跡をどうしても見る必要を感じた。

そこで2008年にボルネオ島北東部に位置し、マレーシア領最大の都市コナキタバルの郊外にあるロッカウィ動物園に行くことにした。ここには、

やや歳をとった雌のスマトラサイが飼育されていた。ガイドをお願いしたニベルさんを通じて動物園の園長さんと交渉した結果、ようやく生きているスマトラサイに対面することができた。待ちにまった柵の中での生きたスマトラサイの足跡観察である。観察の結果、彼女の歩き方は、前後の足跡が完全に重複する歩行様式であることが確認できた。これは古琵琶湖層から発見されるサイ類の足跡化石と同じであり、大きさもよく似ていた。いろいろな角度から歩き方や足跡を写真撮影することはできたが、足跡を石膏で型取りすることはできなかった。それでも足跡のつき方がわかり、写真に収めることができて大収穫であった。このサイとは柵内で1mほどの距離まで近づくことができたが、それは彼女が私を受け入れてくれた証拠なのか、それとも視力が弱くて私がよく見えていなかったのか、どちらかわからない。

こうして、とりあえずはスマトラサイの足跡を

前足と後足が重なった足跡

コタキナバルのロッカウィ動物園での
スマトラサイの歩行と足跡の観察

観察できたものの、化石のサイの足跡と比較するにはやはり、野外で野生のスマトラサイの足跡を観察し、その型を取る必要があった。どうしたらそれができるのか。その時、私の頭に浮かんだのは、ボルネオ島のジャングルの中で出会った東京農業大学野生動物学研究室の松林尚志さんだった。松林さんは、東京農業大学に籍がある一方で、マレーシアのサバ大学にある熱帯動物研究所の准教授もしておられ、サバ州のデラマコットの塩場（塩なめ場）に集まる動物の生態を研究していた。この松林さん以外にも、ボルネオのジャングルの中で何度か足跡を観察する間に、テングサルの生態やジャコウネコの生態などを研究している日本人や外国の研究者の人たちにも会った。

松林さんに連絡を取り、私の要望を伝えると、彼はすぐに彼が所属するサバ大学のハミド教授にお願いしてくれた。ハミド教授は、ボルネオのスマトラサイの保護活動をしている団体BORAの重要なメンバーでもあった。教授は、現地の主任であるザイナル博士に連絡をして頼んでくれたが、最初はあまりよい返事はもらえなかった。それは希少動物保護の観点から、部外者をできるだけ近づけたくなかったためだ。それは当然のことである。それでも松林さんは、BORAとサバ州の野生生物局に食い下がってくれ、最後にはなんとか足跡の型取りの許可を得ることができた。

そこで、私は再びコタキナバルへと飛び、迎えてくれたガイドのニベルさんといっしょに町で型取り用の石膏を大量に買い込んだ。そして、私たちはスマトラサイが森林内で保護されているサバ州東部のタビンへと向かった。ここには、以前ロッカウィ動物園で飼育されていた雌のスマトラサイも移されていたが、私たちはもう1頭の若い雄の足跡の型を取ることにした。サイは保護区内のジャングルの中で放し飼いになっている。私は、まず研究に使えそうな足跡を探すことから始めた。この作業には、交渉段階でずいぶんとお世話になった松林さんやサバ大学の女子学生なども参加してくれた。ジャングルの中でよい足跡を見つけ、その場所を覚えておくことは難しい。私は目印をつけた足跡の場所を覚える役割を女子学生さんに頼んだ。いよいよ型取りとなり、宿舎の若い人がバケツと水を用意してくれた。こうしたみんなの協力で、スマトラサイの前後の足跡が完全に重複したもの、前後の足跡が前後や左右にずれたもの、スリップしたものなど、足跡研究にとって興味深い型を8個取ることができた。そしてジャングルに部外者の臭いをできるだけ残さないようにと短時間で作業を切り上げた。

取った8個の足跡の型のうち2個を日本に持ち帰り、残りは希少な型がボルネオでも活用されることを期待してサバ大学、松林さん、野生生物局、ロッカウィ動物園、タビンの資料館などに置いて展示してもらうことにした。現地での作業が終了し、コタキナバルに戻ったある日、お世話になったハミド教授にお礼を述べるためにサバ大学を訪問した。ハミド教授は、私が調べている古琵琶湖層群からのゾウ類やサイ類の足跡化石の写真と、その発掘調査の様子の写真を見て、大変興味をもたれた。

BORAの保護区での
スマトラサイ足跡への石膏の流し込み

石膏で型取りしたスマトラサイの
足跡の凸型の８個

そのほかの野生動物の足跡の石膏型
これらは現地の資料館に寄贈した

サバ大学のハミド教授(左)と松林さん(右)と
大学へ寄贈したスマトラサイの足跡の石膏型

28 より野生の足跡を探しにネパールへ

1988年に湖南市吉永で発見された足跡化石をきっかけにした私の中国、韓国、タイ、マレーシア、インドネシアなどへの「動物の生態と足跡観察の旅」は、2012年には40回を超えていた。こうした場所での観察や資料を蓄積することで古琵琶湖層群の足跡化石を理解する作業は少しずつ進んでいた。しかし、その一方で、私はこれらの場所が国立公園と言えども人が多く出入りしていたり、あるいは伐採やアブラヤシ畑などの開発が迫っていたり、さらには世界遺産に選ばれることで、観光地化が進んでしまった現状を目の当たりにして来た。サルなどは、こうした環境の中で人に慣れエサを求めて人前に出てくるが、多くの動物は奥地へと入り込んでしまうようになる。そんなところでは足跡、糞、食べ痕（あと）、毛、死骸といった野生動物の痕跡が年々見られなくなっていった。そこにはもはや私が求めている古琵琶湖時代の環境や生態の参考となる場所はないのではないかと思うようになっていった。

私は、次の足跡が調査できる場所を探すために、いろいろな野生動物のテレビ番組を見たり、書物をひっくり返したりしながら、各国の野生動物のツアーを取り扱っている旅行社にもあたってみた。その結果、インド、ネパール、ブータンの3カ国が有力であることがわかってきた。その中でも現地にたどり着くまでが大変でジャングルへ行く観光客が少ない、開発が進んでいない、動物が厳重に保護されているなどの条件がそろっているのは、ネパール南部に東西に細長く広がるタライ平原という場所に思えたことから、ここに狙いを定めることにした。

実際に行ってみると、タライ平原はインド北部と接する海抜１００ｍから１０００ｍまでの場所で、ジャングルと川の氾濫でできた平原、沼や湿地などが見られた。そして、この場所の魅力は国立公園や生物保護区と言えども、観光客が入ることができる区域や住民が家畜の草を刈ったり、魚や貝を採るなどの生活の場が緩衝（かんしょう）地帯をはさんでしっかりと決められていることである。このため、私たちが生物の保護がされている区域に入るためには許可を取る必要があり、保護区の入口で許可書を見せなければならないし、途中で何度も許可書の提示を求められた。こうした確認作業は、軍隊が行っている。

タライ平原にはタルー族の人たちが住んでいる。庭には獣よけにイヌを飼っている家が多い。よくヒョウやジャッカルが鶏を食べに来るらしい。マラリアもあるらしい。住民にとっては大変なことであるが、私はこの未開発で住民と家畜のほかは野生の動物ばかりという環境を望んでいたのである。こうしたタライ平原には、主な保護区と公園が５か所ある。このうち訪問者が少なく、ジャングルや水辺に立ち入ることができる４か所を訪問し観察した。現地では、私は常時通訳、地元の村のガイド、公園のガイド、ゴムボートを操る人、運転手たちの４人から六人で、森林や川やその中洲に繰り出した。タライ平原の川は、ヒマラヤからインドのガンジス川へと流れる込む網状河川で、その川幅は広く１～２㎞はある。私が優秀なガイドさんをお願いするのは、短期間でできるだけ成果をあげたいからである。そのためガイドさんには、私の研究の目的を十分に理解してくれ、どこへ行けばどんな動物と足跡が見られるのかをよく知っている人でなければならない。また、危険を敏感に察知できる人であることは言うまでもない。トラやインドサイ、毒ヘビなどに襲われる危険とは隣あわせの調査である。私は、こうした旅には先にお話ししたタイの子ゾウ、ローズの尻尾の毛で作った指輪をいつも着けて行く。

タライ平原には、アジアゾウ、インドサイ、アキシスジカやサンバーなどの多くのシカ類、ヌマワニやインドガビアルなどのワニ類、カメやスッポン、大型のツル類やコウノトリ類、ヘビウ、ネズミやウサギ類など古琵琶湖層群から化石として発見されているものと類似した種類の動物たちが生息している。以前に何度も調査に行ったタイやマレーシアでも過去にはこうした動物たちが見られたのであろうが、いまではもう動物園でしか出会えなくなっている。こうしたことから、私はタライ平原を3回訪れて、野生の動物たちの足跡の観察を進めた。しかし、タライ平原のこの自然もいつまでもつかわからないかと思うとさみしい気持ちが込みあげてくる。

保護区のジャングルを徒歩で足跡を探す

網状河川をボートで下り、
中洲で足跡を探す

広大なジャングルと草原を
四輪駆動車で駆け回り足跡を探す

タライ平原でよく見られる動物たち

森の中のアキシスジカ

中洲のインドガビアル

沼へ入り水草をたべるインドサイ

中洲のインドサイの母と子

河畔林のアジアゾウ

中洲の砂の上についたインドガビアルの寝そべった跡

巨大なスッポンとヌマワニ

河畔のサギ類とコウノトリ類

29 現生の足跡を化石に応用

　古琵琶湖の時代、湖畔や周辺で動物たちはどんな暮らしをしていたのだろうか。また、そこには化石で発見される動物のほかにどんな種類がいたのだろうかを考えてみよう。

　タライ平原の保護区の沼畔（しょうはん）、湿地、網状河川の中洲や川岸、谷川などの水域周辺では写真に示したような29種類の野生動物の足跡が見られた。それらはノウサギ類、大型や小型のネズミ類、ヤマアラシ類、ジャコウネコ類、スナドリネコなどの大型ネコ類、ベンガルヤマネコなどの小型ネコ類、ベンガルトラ、マングース類、キツネ類、ジャッカル（ヤマイヌを含む）、ビロードカワウソ、モグラ類、サル類のラングールとアカゲザル、イノシシ類、バラシンガジカ、サンバー、アキシスジカ（ホッグジカを含む）、ガウル、スイギュウ、インドサイ、アジアゾウ、ヌマワニ、インドガビアル、トカゲ類、カメ類（スッポン類を含む）、カエル類、タカ類やクジャク類などの陸のトリ類、サギやコウノトリ類、ヘビウなど水辺のトリ類である。これらのうち、ネズミ類、ネコ類、シカ類、カエル類、カメ類、トリ類などでは生息する種類が多く、また足跡の形態も似ていることから、正確に種類を決めることはできない。しかし、これらタライ平原で見ることのできた足跡の中には、古琵琶湖層群などで足跡化石として出ているゾウ類、サイ類、シカ類、ワニ類、ツル類やコウノトリ類などに類似する大型トリ類が含まれていることから、いずれこのような大型、小型動物の足跡化石の発見が古琵琶湖層群からも相次ぐに違いないと期待している。

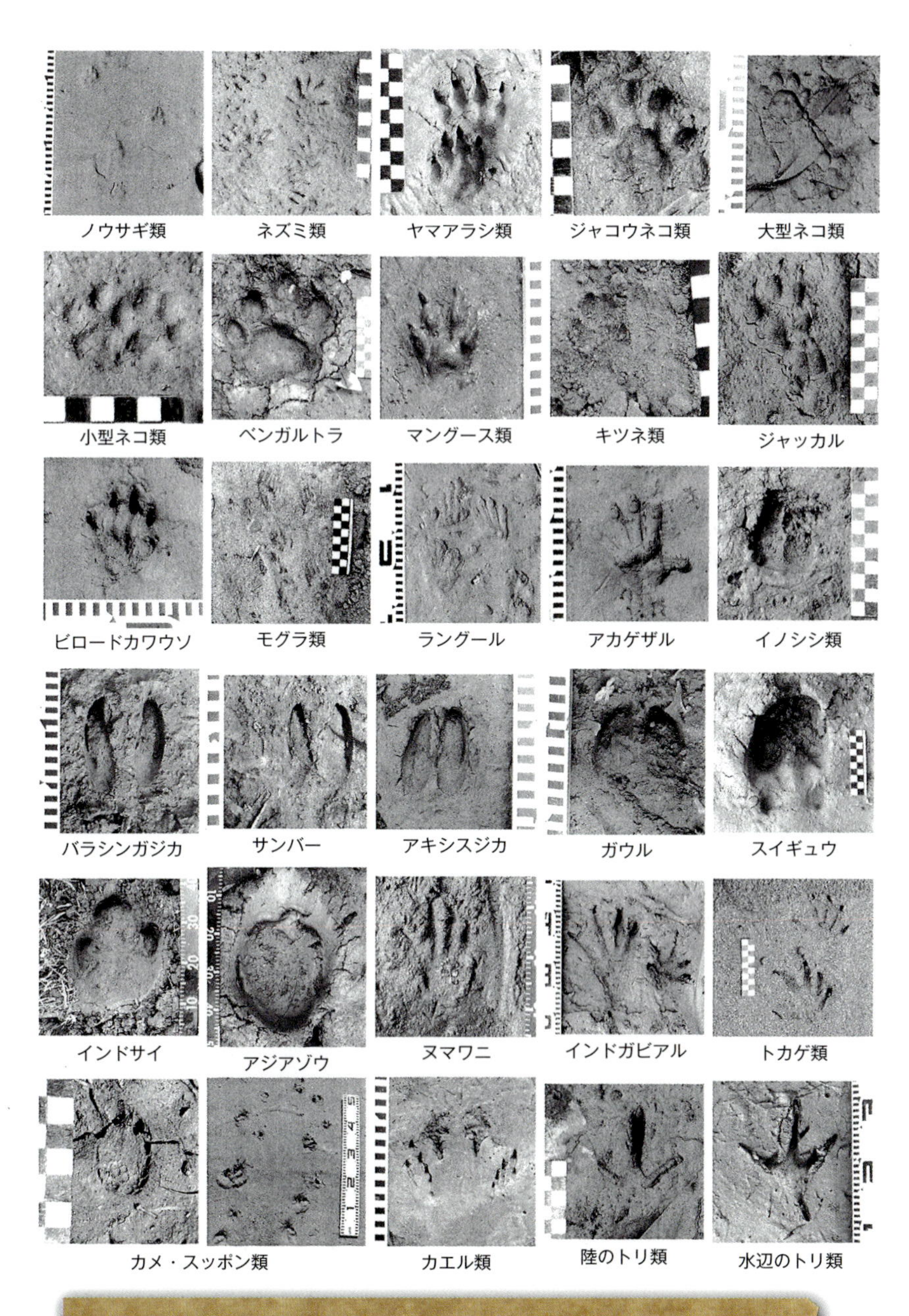

ネパールのタライ平原で見られた足跡（岡村、2017）

琵琶湖博物館とともに歩む

私が草津市や近くのアマチュアや理科の先生、子どもたちと化石を楽しんでいた頃から滋賀県内で多くの貴重な化石が発見されていた。しかし、それらの化石のことをもっとくわしく知ろうと思っても県内には教えてくれる研究者はいなかった。そこで、私たちは京都大学や名古屋大学の専門の研究者をはじめ近畿圏や中部圏の専門家に調査をゆだねることが習慣となっていた。おかげで貝化石をはじめ魚類化石や骨、歯、角化石などほとんどの化石の種類を知ることができ、報告することもできた。

そんな中、１９８８年に野洲川の河床で足跡化石が発見がされた。琵琶湖博物館の準備室が活動を始めたのは１９９０年のことである。これ以降、研究の流れは大きく変わった。それまで県外の大学などにお願いしていたことを、第2章、第3章でお話ししたように地元の博物館の人たちとともにできるようになったのである。琵琶湖博物館のめざす地域の人たちとともに歩むという基本理念は、私たちの活動と共鳴し現在に至っている。協調した活動は調査だけではない。足跡化石研究の成果を国内外で発表すること、国内外からの古生物学研究者を足跡化石の産地に案内し説明すること、博物館の行事をともに行うことなどさまざまな活動をいっしょにできるというのも琵琶湖博物館ならではのことであろう。

私が46年間に草津地学同好会の会員や滋賀県足跡化石研究会の仲間らと調査し、蒐集（しゅうしゅう）した化石類や現生動物の足跡の型などは、数千点におよぶ。これらの標本のすべては、琵琶湖博物館の収蔵庫に保管されており、研究や展示活動に使われている。将来、これらの標本をさらに活用してくれるような足跡学や古足跡学の研究者の登場に大きく期待している。

琵琶湖博物館の全景（上）と収蔵庫内の様子（下）

エピローグ

　1988年の野洲川での足跡化石発見を契機として国内の足跡化石にはまり込んでいったこと、その研究を進めるにあたって現生の動物の足跡や生態を観察しないと前に進まないことを痛感し、国内外の生きた動物たちについても調査してきたことを、つらつらここまで書いてきた。しかし、読者の皆さんには私の下手な文章よりは写真や図に注目してほしいと思っている。これらの写真や図もすべて多くの人たちの力を借りて撮ったり作ったりしたものである。

　この本に書いた内容は、私自身がすべて理解しているとは言えない。なぜならば私は研究者ではないからだ。そのため客観的でない部分も多いし、想像の域を脱していない内容も多々ある。それらは、これから足跡化石や足跡について研究をしようとする人や楽しもうとする人に一老人が残す宿題だととらえてほしい。これが私の能力（脳力）と体力の限界かもしれないので、このあたりで筆をおくことにする。

謝辞

末筆になったが、本書を執筆するにあたり琵琶湖博物館副館長の高橋啓一さんと地学研究室の里口保文さんには格別のご指導をいただいた。また、この30年間、観察と研究を進めるにあたって以下の方々に多大なご指導、ご協力をいただいた。多くの動物たちも含めて、ここに心からお礼を申し上げる。敬称は省略させていただく（順不同）。

神戸市立王子動物園、同園動物科学資料館、名古屋市東山動物園、大阪市立天王寺動物園、京都市動物園、愛媛県立とべ動物園、よこはま動物園ズーラシア、同園村田浩一、犬塚則久、滋賀サファリ博物館、故黒川明、故松岡長一郎、多賀町立博物館、阿部勇治、豊橋市自然史博物館、生田病院放射線科、我孫子市鳥の博物館、茨城県自然博物館、松林尚志、小西省吾、服部昇、大橋正敏、中川賢勇、葉室俊和、北田稔、北林栄一、石川県門前町学校教育研究会理科部会、安野敏勝、古琵琶湖発掘調査隊、滋賀県足跡化石研究会の諸氏、日田市立博物館、御所浦白亜紀資料館、ジトピナン・メカペラポン、ＴＩＳＴＲ（タイ）、ランパンゾウ保護センター、メーテン水牛センター、ファイカーケン野生生物保護区、ナムナオ国立公園、カオヤイ国立公園、サンプラン・エレファント・グラウンド、カオケオ・オープンズー、パタ動物園、デュシット動物園、サムットプラカーン・ワニ園、各保護区のレンジャー、タビン生物保護区、デニス・イコン、ニベル・ジャリアン、ロッカウィ・ワイルドライフ・パークとロサ園長、サバ州野生生物局、ＢＯＲＡ（マレーシア）、サバ大学、莱萍、上海動物園、上海野生動物園、陳國領、陸星奇、上海雑技団、元臥龍パンダ保護センター（中国）、東北林業大学（中国）、Museum Zoologicum Bogoriense-Lembaga Ilum Pengetahuna Indonesia（MZB-LIPI）（インドネシア）、ラグナン動物園、ゴノ・セミアディ、Family Alpine Trek & Expedition Pvt. Ltd.（ネパール）、ヌルプ・ラクパ・シェルパ、ネパール中央動物園、ネパール各保護区のガイドの諸氏。

いつもガードしてくれるレンジャーの
レンさん（タイのナムナオ国立公園）

【足跡と足跡化石関係の文献】

服部川足跡化石調査団（１９９６）古琵琶湖層群上野累層の足跡化石。三重県立博物館、１２２ｐ。

石川県門前町足跡化石調査団（１９９９）石川県門前町の足跡化石。75ｐ。

香住町教育委員会（２００５）香住町足跡化石調査報告書。１０７ｐ。

水口町教育委員会・水口町都市計画課（１９９８）開け太古の扉—地層や化石を調べてみよう—。20ｐ。

岡村喜明（１９９０）現生鹿の足部形態と足印について—第1報—。地学研究、39、４、２０７-２１７。

岡村喜明（１９９３）愛知川化石林にともなう足跡化石。愛知川化石林 その古環境復元の試み、琵琶湖博物館開設準備室研究調査報告、1、81-95。

岡村喜明（２０００）石になった足跡—へこみの正体をあばく—。サンライズ出版 ２７０ｐ。

岡村喜明（２００９）亀山市鈴鹿川河床の鮮新世足跡化石。亀山市鈴鹿川河床の鮮新世化石群発掘調査報告書、亀山市歴史博物館、63-76。

岡村喜明（２０１０）御幣川河床亀山層から産出した足跡化石。御幣川ゾウ足跡化石発掘調査報告（Ⅰ）57-66。

岡村喜明（２０１０）子どもや地元住民と調べる足跡化石。滋賀自然環境研会誌、8、49-54。

岡村喜明（２０１１）足跡化石研究のための野生動物観察例。滋賀自然環境研会誌、9、29-38。

岡村喜明（２０１２）スマトラサイ見てある記。滋賀自然環境研会誌、10、43-46。

岡村喜明（２０１３）鈴鹿市御幣川流域に分布する東海層群の足跡化石。鈴鹿市御幣川流域の地層・化石総合調査報告書、三重県立博物館、１０５-１０９。

岡村喜明（２０１４）私は、なぜタイのカオ ヤイ国立公園へ行ったのか。滋賀自然環境研会誌、12、83-86。

岡村喜明（２０１５）ネパール タライ平原の足跡紀行。滋賀自然環境研会誌、13、77-89。

岡村喜明（２０１６）日本の新生代からの足印化石。琵琶湖博物館研究調査報告、29、１１１ｐ。

岡村喜明（２０１７）鮮新―更新統古琵琶湖層群の足跡化石とその特性を考察するための現生足跡の研究。化石研会誌、50 2、75-81。

岡村喜明・北林栄一・長谷義隆・廣瀬浩司・黒須弘美・鵜飼宏明（２０１７）熊本県天草下島北部に分布する鮮新 ― 更新統佐伊津層の足跡化石群。御所浦白亜紀資料館報、18、5-21。

岡村喜明・高橋啓一・琵琶湖博物館資料調査協力員（１９９３）古琵琶湖層群から産出した鳥類足跡化石。化石、55、9-15。

岡村喜明・高橋啓一（２００３）現生偶蹄類の足蹄部ならびに足跡の形態―偶蹄類足跡化石の基礎研究―。化石研会誌、36、1、16-25。

岡村喜明・高橋啓一（２００９）新生代からの足跡化石研究の現状。化石研会誌、41、2、82-87。

岡村喜明・高橋啓一（２００７）現生足跡調査から見た国内新生代足跡化石にゾウ類、シカ類が多産する要因について。亀井節夫先生傘寿記念論文集、１２７-１３４。

岡村喜明・高橋啓一・山本英喜・松浦信臣・大桑町足跡化石調査団（２００４）金沢市大桑町の犀川河床から産出したシフゾウの足跡化石。化石研会誌、37、2、68-75。

岡村喜明・高橋啓一・里口保文・石田志朗・服部昇・平尾藤雄・三矢信昭（２０１１）古琵琶湖層群から初のサイ類の足跡化石。化石研会誌、44、1、11-19。

岡村喜明・高橋啓一・里口保文（２０１６）古琵琶湖層群から新たに発見されたサイ類足跡化石。化石研会誌、48、26-38。

甲西町教育委員会（１９９８）甲西町朝国の野洲川河床足跡化石調査報告。57ｐ。

高橋啓一（２０１６）ゾウがいた、ワニもいた琵琶湖のほとり。琵琶湖博物館ブックレット①、１０９ｐ、サンライズ出版。

高島市教育委員会（２００６）あど川ゾウの足あと化石調査資料集 ―今、よみがえる一〇〇万年前のたかしま―、30p。
野洲川足跡化石調査団（1995）野洲川（甲西町）の古琵琶湖層群産足跡化石。琵琶湖博物館開設準備室研究調査報告、3、1-134。

【著者略歴】

岡村喜明（おかむら・よしあき）

滋賀県足跡化石研究会

1938年滋賀県生まれ。1963年日本医科大学卒業。その後、草津市にて皮膚科を開業。2007年閉院後も趣味の足跡化石と現生動物の足跡と生態の調査を続けている。

主な著書として『石になった足跡—へこみの正体をあばく—』（サンライズ出版）、『東海の自然をたずねて』（築地書館、分担執筆）、『手の百科事典』（朝倉書店、分担執筆）、『総合ガイド7　琵琶湖・竹生島　琵琶湖のおいたちと化石』（京都新聞社）、『足跡化石研究のために　アジアの動物足跡図鑑』（自費出版）。

琵琶湖博物館ブックレット⑧

古琵琶湖の足跡化石を探る

2018年10月20日　第1版第1刷発行

著　者　岡村喜明

企　画　滋賀県立琵琶湖博物館
〒525-0001 滋賀県草津市下物町1091
TEL 077-568-4811　FAX 077-568-4850

デザイン　オプティムグラフィックス

発　行　サンライズ出版
〒522-0004 滋賀県彦根市鳥居本町655-1
TEL 0749-22-0627　FAX 0749-23-7720

印　刷　シナノパブリッシングプレス

ISBN978-4-88325-648-8 C0344

定価はカバーに表示してあります